优良样板建筑工程
观感实录点评

(土建部分)

广州地区建设工程质量安全监督站　　主编
广州市建筑业联合会

中国建筑工业出版社

图书在版编目(CIP)数据

优良样板建筑工程观感实录点评.土建部分/广州地区建设工程质量安全监督站等主编.—北京:中国建筑工业出版社,2005
 ISBN 7-112-07099-6

Ⅰ.优… Ⅱ.广… Ⅲ.建筑工程—工程质量—质量管理—广州市 Ⅳ.TU712

中国版本图书馆 CIP 数据核字(2004)第 141269 号

本书从近年来建筑工程质量监督工程检查及"广州市优良样板工程"、"广州市建设工程质量五羊杯工程"、"广东省优良样板工程"以及"鲁班奖"验评过程中选出了现场实物照片,按分项工程或施工部位进行归纳整理,并以现行国家(行业)标准(规范)、本地区有关建设工程质量管理的技术文件为依据,对工艺特点、质量水平及观感质量等进行了简明扼要的评述,包括 13 个分项工程质量观感点评和广州市建筑工程质量通病治理措施(节录)两部分。

本书内容详尽,可供建设管理部门、工程质量监督机构、建筑施工企业、建设单位和建设监理公司的人员在实际工程中参考使用。

* * *

责任编辑 常 燕

优良样板建筑工程观感实录点评
(土建部分)

广州地区建设工程质量安全监督站
广州市建筑业联合会 主编

*

中国建筑工业出版社出版、发行(北京西郊百万庄)
新 华 书 店 经 销
广州市一丰印刷有限公司

*

开本:787×1092 毫米 1/16 印张:14 3/8 字数:350 千字
2005 年 1 月第一版 2005 年 1 月第一次印刷
印数:1—3000 册 定价:118.00 元
ISBN 7-112-07099-6
TU·6332(13053)

版权所有 翻印必究
如有印装质量问题,可寄本社退换
(邮政编码 100037)

本社网址:http://www.china-abp.com.cn
网上书店:http://www.china-building.com.cn

主　　编　邓真明

副 主 编　杜　飞　罗乐宁
　　　　　聂策明　李中庆

策　　划　李召炎

撰　　稿　许欣毅　周文辉

摄　`影　许欣毅　李召炎

参编人员　李广荣　谢永昌　袁建强　丘秉达
　　　　　卜亚光　蒋教生　丁昌银　关仕宗
　　　　　李钢粮　马庆辉　花庭璜

主编单位　广州地区建设工程质量安全监督站
　　　　　广州市建筑业联合会

参编单位　广州工程总承包集团有限公司
　　　　　广东海外建设集团有限公司
　　　　　广东省第一建筑工程有限公司
　　　　　广州市第三建筑工程有限公司
　　　　　广州市建筑机械施工有限公司
　　　　　汕头市潮阳建筑工程总公司
　　　　　广东省茂名市建工集团有限公司
　　　　　广州市芳村区建设工程质量安全监督站

前　言

多年来，广州建筑施工企业积极响应广州市建委倡导的"创优质、保安全、争鲁班"活动，努力创建优良样板工程，建筑工程质量水平显著提高，取得了丰硕成果。主要表现在：杜绝了竣工工程倒塌事故，工程质量通病不断减少，优良品率不断提高，精品工程日趋完美。这些成绩的取得，是群众性创优活动日益广泛和深入开展，各级建设行政主管部门和质量监督机构对工程质量加强监督管理和广大建筑施工企业员工进一步树立"百年大计、质量第一"思想和精心组织施工的成果。

本书是编者选录近几年获得"广州市优良样板工程"、"广州市建设工程质量五羊杯工程"、"广东省优良样板工程"以及"鲁班奖"等称号的部分建筑工程项目，编辑了评审专家在检评过程中对现场实物拍摄的照片，按分项工程或施工部位进行归纳整理，并尽量以新颁布的建筑工程施工质量验收系列规范，以及本地区有关建设工程质量管理的规范性文件为依据，对其工艺特点、质量水平及观感效果等方面进行简明扼要的评述，供有关建筑工程技术、施工及质监人员参考。

编制本书的目的，是大力宣传推广广州各施工企业在工程创优活动中的成功做法和先进经验，为广大建筑业同行提供互相学习借鉴、探讨研究的范例。同时，大力推动克服各类建筑施工质量通病，多创精品工程，进一步提高整体建筑工程综合质量水平，为社会提供更好的建筑产品，体现时代发展对建筑业的要求。

编制本书是一种尝试，我们缺乏这方面的工作经验，并由于时间不足，选录中存在这样或那样的问题、缺点在所难免，请读者批评指正。

在这里，谨向关心支持此项工作的领导和同志们，以及积极参与具体编辑工作的广州工程总承包集团有限公司表示谢意！

编　者

2004年8月

目 录

一、分项工程质量观感点评 1

1. 室外墙面、室外大角、外墙面横竖线角和滴水线 2
2. 散水、台阶、明沟 45
3. 变形缝、水落管 54
4. 屋面坡度、防水、细部与保护层 66
5. 室内顶棚、室内墙（柱）面 84
6. 地面与楼面 104
7. 楼梯、踏步、扶手 116
8. 厕浴、阳台泛水 126
9. 排气道 135
10. 细木、护栏 147
11. 门、窗、玻璃安装 169
12. 油漆 191
13. 机房、管井、地下室 199

二、广州市建筑工程质量通病治理措施（节录） 215

一、分项工程质量观感点评

1. 室外墙面、室外大角、外墙面横竖线角和滴水线

室外墙面 图1~图33

选录工程外墙主要采用玻璃幕墙、金属幕墙、石材幕墙以及陶瓷饰面砖镶贴等多种形式,外墙饰面材料品种、规格、颜色和图案符合设计要求,安装牢固,无空鼓、歪斜、缺棱掉角等缺陷;表面平整、洁净、色泽协调一致,接缝填嵌密实、平直、宽窄一致、颜色一致,阴阳角处的砖压向正确,无非整砖或非整砖的使用部位适宜(不影响美观);尺寸偏差小于规范允许值范围内。

室外大角 图34~图43

室外大角阳角方正、顺直,无缺棱、掉角缺陷;阴阳角顺直;大角线全高大于10m时,垂直度偏差小于20mm。

外墙面横竖线角 图44~图57

外墙面各种线条做到横平竖直、棱角分明、方向正确、墙面洁净,突出墙面的横线条如需排水,应做成"鹰嘴"的滴水线;

分格条(缝)宽度和深度均匀一致,条(缝)平整光滑、棱角整齐、横平竖直,缝内无空洞、麻面;

上下层和水平方向线角顺直、平正。

滴水线 图58~图67

流水方向正确,滴水线顺直,能按广州地区要求(见《通病治理措施》项次十)滴水线厚度不小于15mm,宽度不小于25mm。

图1

图2

图1、图2 广州市新体育馆建筑独具特色，造型流畅，结构新颖，富有动感。新材料、新工艺施工质量符合设计要求。

图3

图3 某高层住宅小区建筑外立面各种线条顺直,棱角分明,表面平整、洁净,图案美观大方。

图4

图4 某大学综合教学楼,上下层和水平方向线角清晰、棱角分明,外墙面工字型铺贴瓷质砖,安装牢固,图案清晰美观,符合设计要求。

图 5

图 6

图 5、图 6 某酒店外观造型独特,装修风格别具特色;住宿楼外立面各种线条横平竖直,棱角分明,墙面平整、洁净。

图7

图7 某高层住宅外立面,上下层和水平方向线角清晰、棱角分明,外墙大角阳角方正、顺直,垂直度偏差符合规范要求。

图 8

图8 外墙面采用玻璃幕墙和饰面砖搭配,表面平整,色泽明亮,隐框玻璃幕墙符合《建筑装饰装修工程质量验收规范》(GB 50210—2001)第9.2.19条"……单元玻璃幕墙的单元拼缝或隐框玻璃幕墙的分格玻璃拼缝应横平竖直、均匀一致"。

图9

图9 建筑裙楼外立面采用隐框玻璃、铝质和花岗岩混合幕墙,表面平整、洁净,色泽一致,幕墙安装严密无渗漏,符合《建筑装饰装修工程质量验收规范》(GB 50210—2001)第9.1.14条"幕墙的金属框架与主体结构预埋件的连接、立柱与横梁的连接及幕墙面板的安装必须符合设计要求,安装必须牢固"的强制性条文要求。

图10 建筑外立面采用玻璃和花岗岩混合幕墙,表面平整,色泽一致,无污染和镀膜损坏等缺陷,幕墙安装严密无渗漏,符合《建筑装饰装修工程质量验收规范》(GB 50210—2001)第9.4.14条"石材幕墙表面应平整、洁净,无污染、缺损和裂痕。颜色和花纹应协调一致,无明显色差,无明显修痕"。

图10

图11

图12

图11 建筑裙楼外立面采用玻璃幕墙，表面平整，安装牢固，密封胶缝横平竖直、深浅一致、宽窄均匀、光滑顺直，符合《建筑装饰装修工程质量验收规范》(GB 50210—2001)第9.2.22条"玻璃幕墙隐蔽节点的遮封装修应牢固、整齐、美观"。

图12 建筑裙楼外立面采用花岗岩幕墙，表面平整、洁净、色泽一致，符合《建筑装饰装修工程质量验收规范》(GB 50210—2001)第9.4.16条"石材接缝应横平竖直、宽窄均匀；阴阳角石板压向应正确，板边合缝应顺直；凹凸线出墙厚度应一致，上下口应平直；石材面板上洞口、槽边应套割吻合，边缘应整齐"。

图 13

图13 建筑外立面采用隐框玻璃幕墙,表面平整,安装牢固,密封胶缝横平竖直、深浅一致、宽窄均匀、光滑顺直,符合《建筑装饰装修工程质量验收规范》(GB 50210—2001)第9.2.13条"玻璃幕墙结构胶和密封胶的打注应饱满、密实、连续、均匀、无气泡,宽度和厚度应符合设计要求和技术标准的规定"。

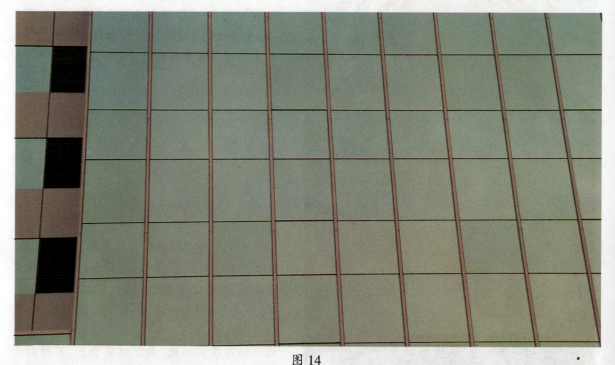

图 14

图14 建筑外立面采用半隐框玻璃幕墙,表面平整,安装牢固,密封胶缝横平竖直、深浅一致、宽窄均匀、光滑顺直。

图15 建筑外立面采用隐框玻璃和铝质混合幕墙,表面平整、洁净,色泽一致,幕墙安装严密无渗漏。

图15

图16 建筑外立面采用隐框玻璃和铝质混合幕墙,表面圆顺,安装牢固,接口严密,密封胶缝横平竖直、深浅一致、宽窄均匀、光滑顺直。

图16

图 17

图 17 建筑物外墙采用点支承玻璃幕墙,表面圆顺、平整、洁净,安装牢固,接口严密。

图 18

图 19

图 18、图 19 点支承玻璃幕墙不锈钢节点大样，安装部位设置合理，不锈钢件安装牢固，洁净无污染，符合《建筑装饰装修工程质量验收规范》(GB 50210—2001)第 9.2.10 条"点支承玻璃幕墙应采用带万向头的活动不锈钢爪，其钢爪间的中心距离应大于 250mm"。

图 20

图 20　外墙面各种线条横平竖直,棱角分明,大面铺砌的红色小方砖平整、洁净,色泽均匀一致。

图 21　外墙面各种线条横平竖直,棱角分明,小马赛克和花岗岩外墙面分色线条明快平顺。

图 21

图22 工字型铺砌瓷质外墙面砖,符合《建筑装饰装修工程质量验收规范》(GB 50210—2001) 第8.3.2条"饰面砖的品种、规格、图案、颜色和性能应符合设计要求"。

图22

图23 工字型铺砌瓷质外墙面砖,图案效果突出,线条圆顺,表面光洁,边缘整齐。

图23

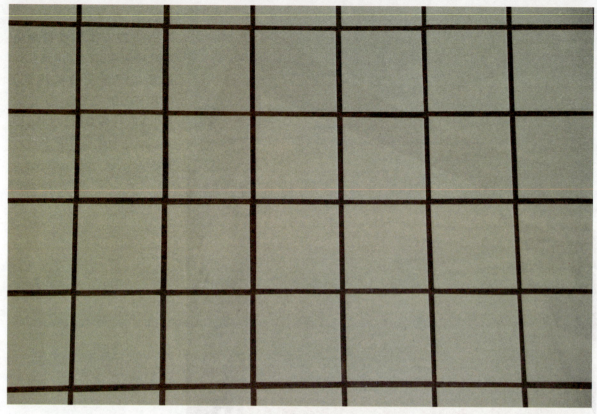

图 24

图24 墙面铺贴小方砖,符合《建筑装饰装修工程质量验收规范》(GB 50210—2001)第 8.3.9 条"饰面砖接缝应平直、光滑,填嵌应连续、密实;宽度和深度应符合设计要求"。

图25 三种颜色条形瓷砖铺贴外墙面,图案效果美观,色泽均匀。

图 25

图26 小瓷砖铺贴外墙面,符合《建筑装饰装修工程质量验收规范》(GB 50210—2001)第8.3.6条"饰面砖表面应平整、洁净、色泽一致,无裂痕和缺损"的要求,墙身管道出口做法精细、美观。

图26

图27 不同材质饰面砖接缝平顺,非整砖处理的部位选择合理,阳角方正,符合《建筑装饰装修工程质量验收规范》(GB 50210—2001)第8.3.7条"阴阳角处搭接方式、非整砖使用部位应符合设计要求"。

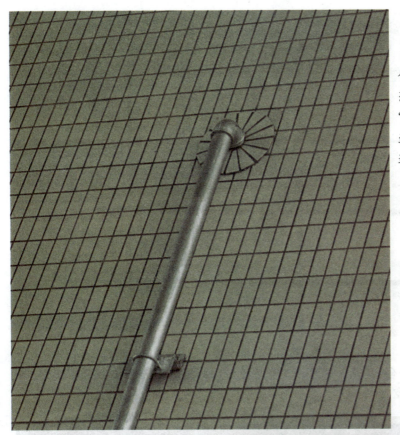

图27

图28

图28 墙面铺贴长条形砖,符合《建筑装饰装修工程质量验收规范》(GB 50210—2001)第8.3.5条"满贴法施工的饰面砖工程应无空鼓、裂缝"。

图29 墙面铺贴长条形砖,符合《建筑装饰装修工程质量验收规范》(GB 50210—2001)第8.3.9条"饰面砖接缝应平直、光滑,填嵌应连续、密实;宽度和深度应符合设计要求"。

图29

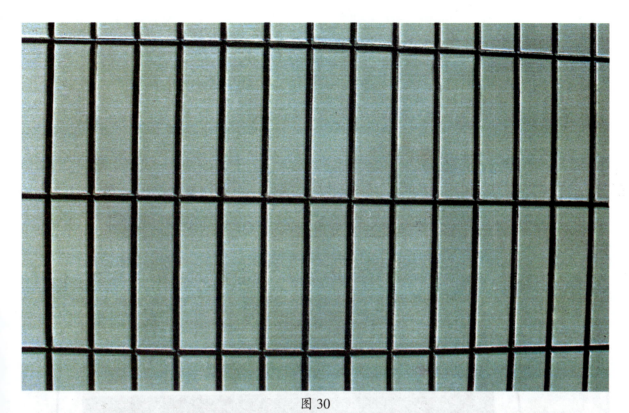

图30

图30 墙面铺贴长条形砖,材质均匀,接缝横平竖直,无歪斜及缺楞掉角等缺陷,观感较佳。

图31

图31 穿墙风口细部修饰精细,既满足使用功能要求,又取得较佳的装饰效果。

图32

图32 外墙面铺贴小方砖,两种砖颜色对比明显,接缝平顺,百叶排风口尺寸选择恰当,符合小方砖模数,未出现非整砖现象。

图33

图33 墙面采用干挂石材,表面洁净,安装牢固,接口严密,消防栓框与石材连接用密封胶处理恰当。

图34 外墙面铺贴小瓷砖,外墙大角方正顺直,分色线条清晰、明快,无缺棱掉角。

图34

图35 外墙面各种线条横平竖直,棱角分明,顶层等有排水要求的部位设置滴水线,符合《建筑装饰装修工程质量验收规范》(GB 50210—2001)第8.3.10条"有排水要求的部位应做滴水线(槽)。滴水线(槽)应顺直,流水坡向应正确,坡度应符合设计要求"。

图35

图36

图36 墙面铺贴瓷质条形砖,外墙大角方正顺直,符合《建筑装饰装修工程质量验收规范》(GB 50210—2001)第8.3.9条"饰面砖接缝应平直、光滑,填嵌应连续、密实;宽度和深度应符合设计要求"。

图37 外墙柱大角方正顺直,小方瓷砖铺贴符合《建筑装饰装修工程质量验收规范》(GB 50210—2001)第8.3.9条"饰面砖接缝应平直、光滑,填嵌应连续、密实;宽度和深度应符合设计要求"。

图37

图38 工字型铺砌瓷质砖,外墙面阴阳角方正顺直,图案美观,符合《建筑装饰装修工程质量验收规范》(GB 50210—2001)第8.3.7条"阴阳角处搭接方式、非整砖使用部位应符合设计要求"。

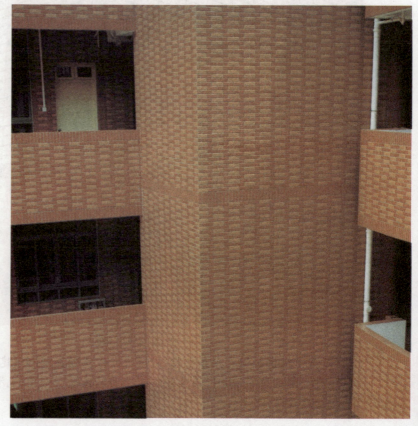

图38

图39

图39 建筑外墙柱大角干挂石材表面平整,安装牢固,接口严密,符合《建筑装饰装修工程质量验收规范》(GB 50210—2001)第9.4.14条"石材幕墙表面应平整、洁净,无污染、缺损和裂痕。颜色和花纹应协调一致,无明显色差,无明显修痕"。

图 40

图40 建筑独立柱饰面干挂石材,表面平整,安装牢固,接口严密。

图 41

图 41 建筑室外大角阳角方正、顺直,采用干挂石材表面平整,安装牢固,接口严密,符合《建筑装饰装修工程质量验收规范》(GB 50210—2001)第 9.4.4 条"石材孔、槽的数量、深度、位置、尺寸应符合设计要求"。

图 42

图 42 建筑首层独立圆柱采用纯铝板饰面,表面圆顺,安装牢固,接口严密,密封胶缝圆顺、深浅一致、宽窄均匀、光滑顺直,符合《建筑装饰装修工程质量验收规范》(GB 50210—2001)第 9.3.11 条"金属幕墙的板缝注胶应饱满、密实、连续、均匀、无气泡,宽度和厚度应符合设计要求和技术标准的规定"。

图 43

图 43 建筑首层独立圆柱采用干挂石材,表面洁净,接缝严密,安装牢固,石材颜色均匀、花纹协调,符合《建筑装饰装修工程质量验收规范》(GB 50210—2001)第 9.4.20 条对石材安装允许偏差的要求。

图44

图44 建筑外立面各种线条横平竖直,棱角分明,型钢构架造型新颖、美观。

图45 建筑外立面各种线条横平竖直,棱角分明,型钢构架造型新颖、美观。

图45

图 46

图 46 建筑外墙面线条清晰、明快,弧线平顺,无缺楞掉角,墙面洁净,整体装饰效果美观大方。

图47

图47 建筑外墙面棱角分明,阳台、窗台等突出墙面部分做成滴水线,符合《建筑装饰装修工程质量验收规范》(GB 50210—2001)第8.3.10条"有排水要求的部位应做滴水线(槽)。滴水线(槽)应顺直,流水坡向应正确,坡度应符合设计要求"。

图 48

图 48 采用满贴法铺贴于建筑外墙面的饰面砖,符合《建筑装饰装修工程质量验收规范》(GB 50210—2001)第 8.3.4 条"饰面砖粘贴必须牢固"的强制性条文要求。

图 49

图 49 建筑外墙面各种线条明快,横平竖直,墙面洁净美观,色调和谐。

图 50

图 50 铝合金幕墙表面平整、洁净、色泽一致,符合《建筑装饰装修工程质量验收规范》(GB 50210—2001)第 9.3.15 条"金属幕墙的密封胶缝应横平竖直、深浅一致、宽窄均匀、光滑顺直"。

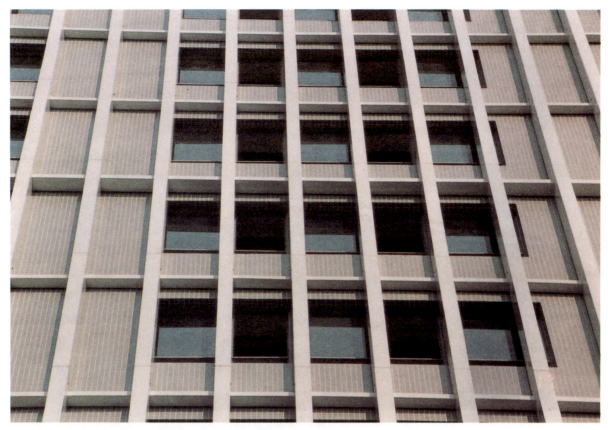

图 51

图51 建筑外立面各种线条横平竖直,棱角分明,表面平整、洁净,图案美观大方。

图 52

图52 建筑外墙面线条清晰、明快,弧线平顺,无缺楞掉角,墙面洁净,整体装饰效果美观大方。

图 53

图 53　弧形外楼梯侧线形明快顺滑，饰面砖铺贴牢固，无空鼓、裂缝；梁板线角清晰，油漆色泽一致。

图 54

图 54　外墙铺贴饰面砖，不同线面接缝处理恰当，灰缝饱满，宽窄深浅一致。

图 55

图 55 外飘梁铺贴小方瓷砖,无缺楞掉角,接缝密实、饱满。

图56 建筑顶层构造梁柱及外墙面型钢装饰,线条清晰、明快,墙面洁净,安装牢固,整体装饰效果美观大方。

图57 建筑外墙型钢节点,连接紧密,安装牢固,表面平整、洁净、无污染。

图56

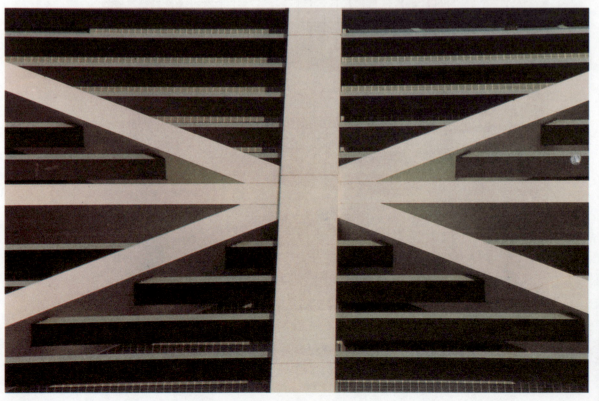

图57

图 58 阳台飘板设置滴水线,符合《建筑装饰装修工程质量验收规范》(GB 50210—2001)第 8.3.10 条"有排水要求的部位应做滴水线(槽)。滴水线(槽)应顺直,流水坡向应正确,坡度应符合设计要求"。

图 58

图 59 滴水线深浅、宽窄一致,棱角整齐。

图 59

图 60

图 60 飘板底滴水线流水方向正确、顺直,厚度大于 15 mm,宽度大于 25 mm。

图 61

图 61 阳台飘板及飘窗设置滴水线,符合《建筑装饰装修工程质量验收规范》(GB 50210—2001)第 8.3.10 条"有排水要求的部位应做滴水线(槽)。滴水线(槽)应顺直,流水坡向应正确,坡度应符合设计要求"。

图 62

图62、图63 外走廊梁板底设置滴水线,滴水线平顺,滴水线厚度大于15mm,宽度大于25mm。

图 63

图64

图64 阳台楼梯底设置滴水线,可减少污水污染。

图65 外墙面突出墙面部分的装饰线条,符合《建筑装饰装修工程质量验收规范》(GB 50210—2001)第8.3.10条"有排水要求的部位应做滴水线(槽)。滴水线(槽)应顺直,流水坡向应正确,坡度应符合设计要求"。

图65

图 66

图66 外墙平整美观,窗台、空调格等突出墙面部分设置滴水线,满足使用功能要求。

图 67

图 67 外墙面使用不同规格饰面砖,符合《建筑装饰装修工程质量验收规范》(GB 50210—2001) 第 8.3.7 条"阴阳角处搭接方式、非整砖使用部位应符合设计要求",外飘窗台底设置滴水线,满足使用功能要求。

2. 散水、台阶、明沟

散水 图 68~图 70

水泥砂浆面洁净,色泽均匀,无空鼓、裂纹、脱皮、麻面和起砂现象;散水面平整宽窄一致,排水坡向正确,无积水,不倒泛水;合理设置散水与外墙的变形缝、散水纵向的和转角的伸缩缝。

台阶 图 71~图 78

台阶块料面铺贴牢固,无空鼓、裂纹、缺棱、掉角;台阶的宽度一致,相邻两级高差小于 10mm,平整顺直;合理设置与外墙门洞处的沉降缝。

明沟 图 79~图 80

明沟排水畅通,无积水;沟墙顺直,宽度和深度符合设计要求;铸铁沟盖板尺寸一致,油漆符合施工规范规定,铺设整齐美观。

图 68

图 68 水泥砂浆散水面层表面洁净,散水坡度明显,并按要求间距设置伸缩缝,面层无裂纹、脱皮、麻面、起砂等缺陷,符合《建筑地面工程施工质量验收规范》(GB 50209—2002)第 5.3.5 条"面层表面的坡度应符合设计要求,不得有倒泛水和积水现象"。

图 69

图 69 混凝土散水面层表面洁净,散水面转角部位设置分格缝,符合《建筑地面工程施工质量验收规范》(GB 50209—2002)第 3.0.12 条"水泥混凝土散水、明沟,应设置伸缩缝,其延长米间距不得大于 10m;房屋转角处应做 45°缝。水泥混凝土散水、明沟和台阶等与建筑物连接处应设缝处理。上述缝宽度为 15~20mm,缝内填嵌柔性密封材料"。

图 70

图 70 混凝土散水面层表面洁净,排水坡向正确,无积水,不倒泛水,散水面转角部位设置分格缝;铺贴板块面层台阶,齿角整齐,级高一致,台阶与建筑物连接处设置伸缩缝;排水明沟设置合理,符合使用功能要求。

图71

图71 花岗岩台阶面层，相邻台阶高差一致，排水坡向正确，踏步齿角整齐，防滑条顺直，变形缝设置的部位和工艺符合要求。

图72

图72 铺贴板块面层台阶，齿角整齐，图案清晰，符合《建筑地面工程施工质量验收规范》（GB 50209—2002）第6.2.9条"砖面层的表面应洁净、图案清晰，色泽一致，接缝平整，深浅一致，周边顺直。板块无裂纹、掉角和缺楞等缺陷"。

图 73

图 73 室外花岗岩台阶,流水坡向正确,无倒泛水、积水,相邻台阶踏步高差一致,齿角整齐。

图 74

图 74 建筑物外台阶铺贴花岗岩面层,台阶与建筑物连接处设伸缩缝,符合《建筑地面工程施工质量验收规范》(GB 50209—2002)第 6.3.7 条"大理石、花岗岩面层的表面应洁净、平整、无磨痕,且应图案清晰、色泽一致、接缝均匀、周边顺直、镶嵌正确,板块无裂纹、掉角、缺楞等缺陷"。

图75

图75 饰面砖铺贴外台阶,相邻台阶步级高差不大于10mm,排水坡向正确,台阶与建筑物及外地坪连接处设置伸缩缝。

图76

图76 室外花岗岩台阶,相邻台阶踏步高差一致,流水坡向正确,踏步齿角整齐,台阶与外地坪连接处设置伸缩缝,并打注密封胶。

图77

图77 室外花岗岩台阶,相邻台阶踏步高差一致,齿角整齐,但光滑的步级面层没设置防滑条,对使用功能造成一定的影响。

图78

图78 室外花岗岩台阶,流水坡向正确,无倒泛水、积水,相邻台阶踏步高差一致,齿角整齐,但石材表面产生泛碱现象,影响外观。

图79 地下室墙角设置排水明沟,面设铸铁沟盖板,组织排水,减少清洁地面产生的污水对墙角的影响。

图 79

图80 地下室墙角设置排水明沟,面设铸铁沟盖板,组织排水,减少清洁地面产生的污水对墙角的影响。

图 80

3. 变形缝、水落管

变形缝 图 81~图 85

变形缝的构造符合设计要求,表面清理干净,缝面做法正确。

落水管 图 86~图 95

排水畅顺,无渗漏;上下节管连接紧密,承插方向、长度、管箍间距等符合施工规范规定;弯管的结合角度成钝角;水落管正、侧视顺直;与墙面距离不小于 20mm。

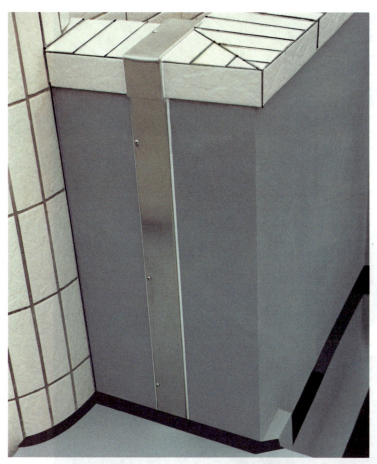

图81 变形缝构造合理,盖缝条上下顺直,固定牢固,严密不渗漏,保证使用功能。

图81

图82 变形缝构造合理,表面平整干净。

图82

图 83

图 83 变形缝设置部位符合设计要求,工艺合理,盖缝金属板顺直,安装牢固,金属盖板边打注密封胶,不渗漏。

图 84

图84 天面层变形缝设置合理,盖缝金属条单边固定,工艺合理,水平缝盖板与女儿墙连接处打注密封胶,既满足结构变形的不利因素,又达到防水功能要求。

图 85

图 85 室内走廊设置变形缝部位恰当,盖缝金属条单边固定,工艺合理,水平缝安装单边支撑的压纹钢盖板并填嵌密封材料,满足人行的使用功能要求。

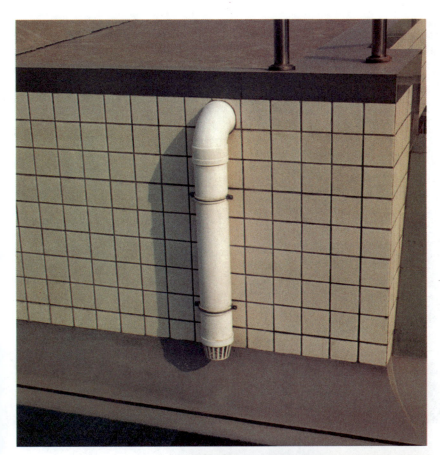

图86 PVC排水管安装牢固,管箍设置合理,水管正视顺直。

图86

图87 PVC排水管安装顺直、牢固,管脚做工精细。

图87

图 88

图 88　PVC 排水管安装顺直、牢固,管脚做法满足使用功能要求。

图 89　PVC 排水管安装顺直、牢固,管箍固定方法正确。

图 89

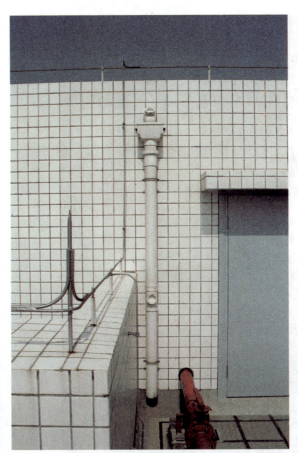

图90 穿墙管道接口处理精致美观,立管垂直。

图90

图91 落水管接口大样。

图91

图 92

图 92 管道穿墙细部修饰精致、美观,管道安装垂直,油漆均匀,光洁明亮,管道支架设置合理。

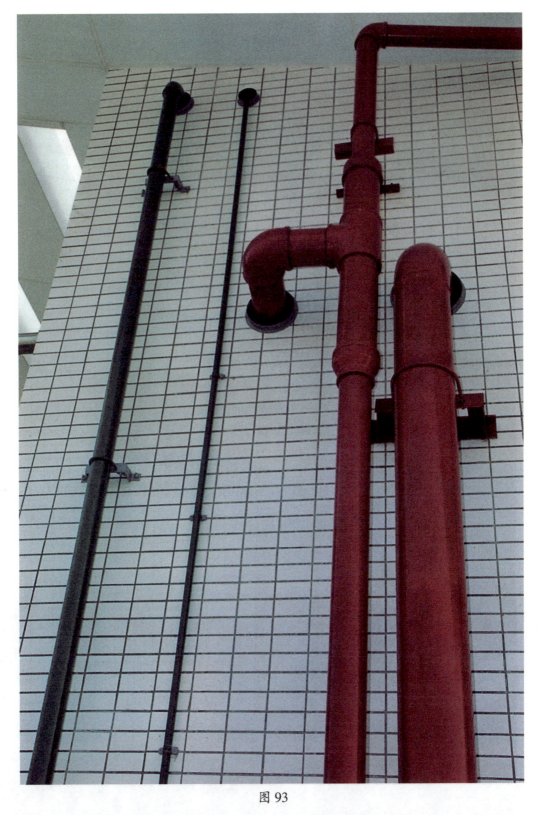

图 93

图 93 管道安装垂直,穿墙管口处理合理、美观,管道支架安装工艺正确,管背墙面平直,铺贴瓷质砖到位,无污染。

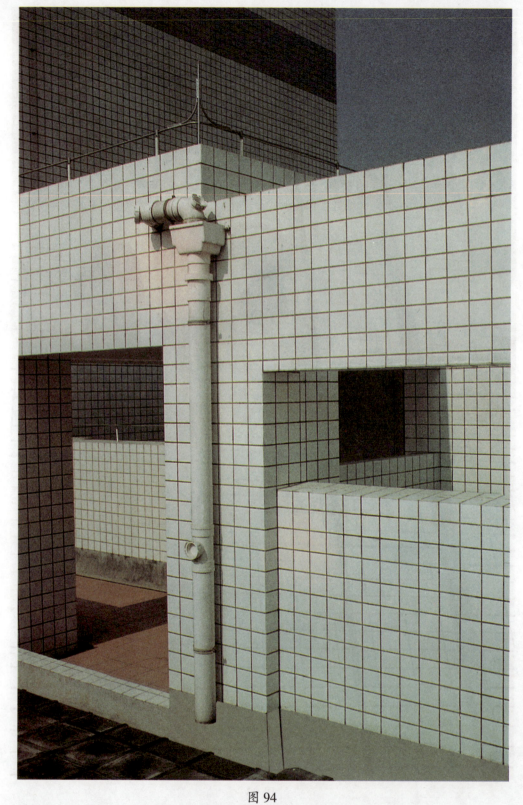

图 94

图 94 管道安装平直,支架设置合理,铺贴瓷质方砖到位。

图 95

图 95 管道敷设垂直,管件、支架设置整齐、合理,管道穿墙处理精细美观。

4. 屋面坡度、防水、细部与保护层

图 96~图 126

屋面坡度

屋面、天沟的坡向、坡度符合设计要求,排水畅顺,无积水现象;平整度符合规范要求。

屋面防水层(以卷材防水层、防水涂料和细石混凝土防水层为例,由于已覆盖,没有拍摄到有关图片。)

卷材防水层

卷材和胶结材料的品种、标号及胶粘剂的配合比符合设计要求和施工规范规定;防水层没有渗漏现象;冷底子油涂刷均匀,卷材铺贴方法、压接顺序和搭接长度符合规范规定,粘贴牢固,无滑移、翘边、起泡、皱折等缺陷。

涂料防水层

防水涂料的质量符合设计要求;涂料防水层平整、厚度均匀,无脱皮、起皮、裂缝、鼓泡等缺陷。

细石混凝土防水层

原材料、外加剂、混凝土防水性能及强度和钢筋品种、规格、位置及保护层厚度等符合设计和施工规范规定;防水层厚度均匀一致,表面平整;压实抹光,无裂缝、起壳、起砂等缺陷。

屋面细部

泛水、天面地漏、女儿墙、气楼等做法正确,能按广州地区的要求施工。泛水圆顺,顶部有凸线保护;天面地漏圆顺,排水畅通;气楼做得精细美观,凸线有做滴水线;女儿墙压顶面有做向内的排水坡;屋面防水层与女儿墙交接阴角位能做 $r=100mm$ 的圆弧。

屋面保护层

屋面保护层分格缝的设置位置和间距做法符合施工规范的规定和广州地区的要求:水泥砂浆保护层分格缝不大于 1m,并按 $36m^2$ 面积分块设伸缩缝,纵向长度≤6m;细石混凝土保护层按 $36m^2$ 面积分块设伸缩缝,纵向长度≤6m;缝格顺直。

图96

图96 屋面铺设塑料材质面层,无滑移、翘边、皱折等缺陷,符合《屋面工程质量验收规范》(GB 50207—2002)第4.1.8条"屋面(含天沟、檐沟)找平层的排水坡度,必须符合设计要求"的强制性条文要求。

图97

图97 混凝土隔热块屋面,排水坡度、坡向符合设计要求,块缝设置合理,图案美观大方,符合《屋面工程质量验收规范》(GB 50207—2002)第8.1.4条"架空隔热制品的质量必须符合设计要求,严禁有断裂和露筋等缺陷"的强制性条文要求。

图 98

图 98　隔热块屋面,排水坡度、坡向符合设计要求,分格缝设置合理,方正平顺。

图 99

图 99　隔热面层坡向、坡度符合设计要求,符合《屋面工程质量验收规范》(GB 50207—2002)第 4.1.9 条"基层与突出屋面结构的交接处和基层的转角处,均应做成圆弧形,且整齐平顺"。

图 100

图100 混凝土隔热块屋面,排水坡度、坡向明显,达到设计要求。

图 101

图101 架空隔热层面铺贴瓷砖,地面分区域设缝,可上人架空屋面符合《屋面工程质量验收规范》(GB 50207—2002)第8.1.3条"架空隔热制品的质量应符合以下要求,非上人屋面的黏土砖强度等级不应低于MU7.5;上人屋面的黏土砖强度等级不应低于MU10"。

图 102

图 102 瓷砖铺贴屋面层,坡向、坡度符合设计要求,地面分区域设缝,并填充柔性密封材料,设置排水明沟。

图 103

图 103 瓷砖铺贴屋面层,坡向、坡度符合设计要求,设置排水明沟、地漏,有组织排水效果较佳。

图 104

图 104　块状架空保护层屋面平整洁净,分格缝设置合理、横平竖直、填缝密实。

图 105

图 105　防滑架空隔热面层,坡向、坡度符合设计要求,方正平顺,符合《屋面工程质量验收规范》(GB 50207—2002)第 8.1.5 条"架空隔热制品的铺设应平整、稳固,缝隙勾填应密实;架空隔热制品距山墙或女儿墙不得小于 250mm,架空层中不得堵塞,架空高度及变形缝做法应符合设计要求"。

图 106

图 106　水泥砂浆屋面表面平整,坡向、坡度符合设计要求,排水畅顺无积水;缝格在 1m 内,方正平顺,屋面防水层细部处理恰当,满足使用功能。

图 107

图 107　水泥砂浆屋面表面平整,坡向、坡度符合设计要求,缝格在 1m 内,方正平顺,防水层与墙角及天面凸位交接阴角位做圆弧,防水层往墙身做高≥250mm。

图 108

图 108 屋面女儿墙和泛水等符合设计要求，饰面光洁无污染。

图 109

图 109 水泥砂浆屋面层平整光滑，分格缝设置合理、横平竖直，符合《屋面工程质量验收规范》（GB 50207—2002）第 6.2.7 条"密封材料嵌填必须密实、连续、饱满，粘结牢固，无气泡、开裂、脱落等缺陷"的强制性条文要求。

图110 水泥砂浆屋面层平整光滑，分格缝设置合理，护栏、泛水满足设计要求。

图110

图111 屋面防水层与女儿墙交接阴角部位做成圆弧形，并往女儿墙身做高≥250mm。水泥砂浆面层设分格缝满足使用功能要求，落水管口设置防虫盖板，满足使用功能要求。

图111

图112 块状架空保护层屋面平整,分格缝设置合理,横平竖直,天沟、泛水等设置符合设计要求。

图112

图113 块状架空保护层屋面平整光滑,分格缝密封性能良好,泛水顶设置水平凸线,满足使用功能要求,符合《屋面工程质量验收规范》（GB 50207—2002）第 9.0.11 条"天沟、檐沟、檐口、水落口、泛水、变形缝和伸出屋面管道的防水构造,必须符合设计要求"的强制性条文要求。

图113

图 114

图 114 块状架空保护层屋面平整洁净,架空高度符合设计要求,立柱与屋面结合处防水构造满足使用功能要求。

图 115 屋面防水层做法符合规范要求,屋面防水层与女儿墙交接阴角部位做成圆弧形,并往女儿墙身做高≥250mm,离女儿墙面200mm 留全长伸缩缝,并填充密封材料。

图 115

图 116

图 116 屋面女儿墙和泛水等符合设计要求,饰面光洁无污染。

图 117

图 117 瓷质砖饰面屋面平整洁净,气楼、通气管、天沟等做法精致,屋面管线敷设顺直,管脚支架防水处理恰当。

图 118

图 118 瓷砖屋面平整,排水畅顺不积水,地面设分格缝,变形缝设置合理,防水构造满足使用和装饰功能要求。

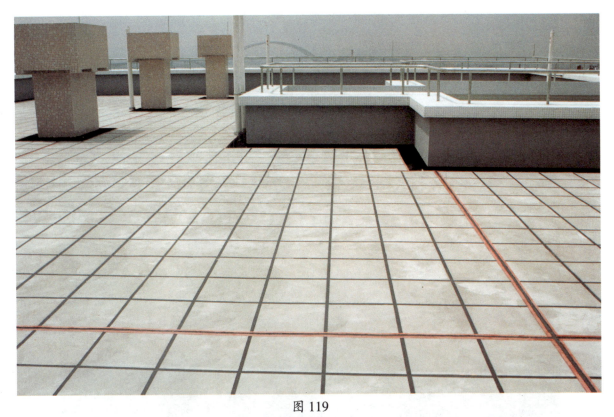

图 119

图 119 块状架空保护层屋面平整洁净,分格缝设置合理、横平竖直、填缝密实,女儿墙、护栏、天沟、泛水等设置符合设计要求。

图 120

图 120 屋面女儿墙高度符合设计要求,女儿墙压顶排水坡度正确,墙内侧做滴水线,减少女儿墙身污染,满足装饰功能要求。

图 121

图 121 屋面层女儿墙内侧做滴水线,减少女儿墙身污染,满足装饰功能要求。

图 122

图 122 屋面女儿墙高度符合设计要求,女儿墙压顶排水坡度正确,墙内侧做滴水线,减少女儿墙身污染,满足装饰功能要求。

图 123

图 123　天面水平管道架空敷设,支承铁架用防锈漆保护,铁架脚部防水处理恰当。

图 124

图 124　天面女儿墙角铺贴小瓷砖做工精细,周边成漏斗状,排水效果较佳。

图125 天沟、地漏防水层做法符合设计要求。

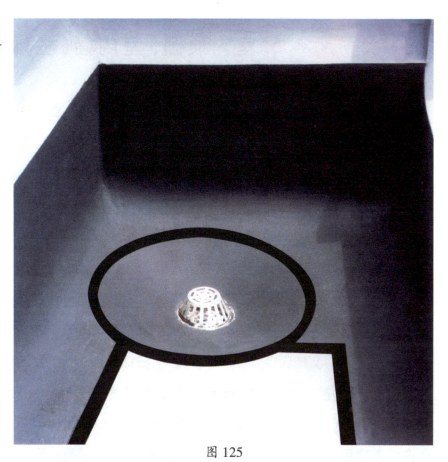

图125

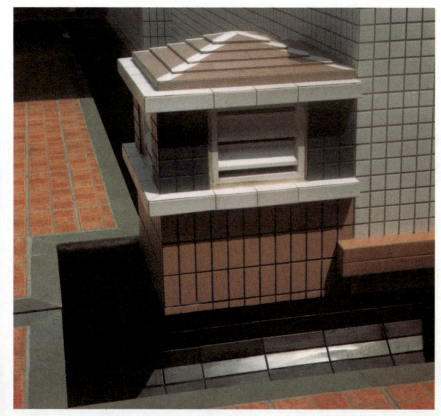

图126 块状架空保护层屋面,气楼、天沟、泛水等做法满足使用和装饰功能要求。

图126

5. 室内顶棚、室内墙(柱)面

室内顶棚(以抹灰顶棚、罩面板顶棚介绍) 图 127~图 151

抹灰室内顶棚的抹灰层与基层或抹灰层之间粘结牢固,无脱层、空鼓,面层无爆灰和裂缝等缺陷,没有掉粉、起皮、漏刷和透底;表面光滑、洁净,接槎平整,色泽均匀;尺寸偏差小于规范允许值。

罩面板顶棚安装牢固,无脱层、翘曲、折裂、缺楞掉角等缺陷;主梁格栅(主筋、横撑)安装位置正确,连接牢固无松动;表面平整、洁净、颜色一致无污染、反锈、麻点和锤印,压条宽窄一致,接缝严密、平直、整齐;尺寸偏差小于规范允许值。

室内墙柱面(以抹灰和饰面砖为例) 图 152~图 163

抹灰层之间及抹灰层与基体之间必须粘结牢固,无脱层、空鼓,面层无爆灰和裂缝等缺陷;孔洞、槽、盒和管道背面表面尺寸正确、边缘整齐、光滑,管道后面平整;护角符合施工规范规定;表面光滑、洁净,接槎平整,线角顺直清晰;门窗框与墙体间缝隙堵塞密实;允许偏差项目绝大多数部位小于规范允许值。

饰面砖内墙砖品种、规格、颜色和图案符合设计要求,安装牢固,无空鼓、歪斜、缺楞掉角等缺陷;表面平整、洁净、色泽协调一致,接缝填嵌密实、平直、宽窄一致、颜色一致,阴阳角处的砖压向正确,无非整砖或非整砖的使用部位适宜(不影响观感);尺寸偏差小于规范允许值。

室内墙柱面与顶棚与交接处能做到有饰线分隔,线条顺直、美观。

梁柱交线能做到横平竖直、无污染、洁净、美观。

图127 室内抹灰顶棚、墙、柱、梁面,表面洁净,平整顺滑,颜色均匀一致,符合《建筑装饰装修工程质量验收规范》(GB 50210—2001)第4.1.12条"外墙和顶棚的抹灰层与基层之间及各抹灰层之间必须粘结牢固"的强制性条文要求。

图127

图128

图128 室内抹灰顶棚、墙、柱、梁面,平整光滑,线角顺直清晰,无抹痕,符合《建筑装饰装修工程质量验收规范》(GB 50210—2001)第4.2.3条"一般抹灰所用材料的品种和性能应符合设计要求;水泥的凝结时间和安定性复验应合格;砂浆的配合比应符合设计要求"。

图 129

图 129 室内抹灰顶棚、柱、梁面,梁柱交接线角分明、平顺清晰,符合《建筑装饰装修工程质量验收规范》(GB 50210—2001)第 4.2.6 条"高级抹灰表面应光滑、洁净、颜色均匀、无抹纹,分格缝和灰线应清晰美观"。

图 130

图 130 室内抹灰顶棚、梁面表面光滑、洁净、颜色均匀、无抹痕,线角分明。

图 131

图 131 室内抹灰顶棚、梁面洁净、平整光滑,清晰美观,符合《建筑装饰装修工程质量验收规范》(GB 50210—2001)第 4.2.6.2 条"高级抹灰表面应光滑、洁净、颜色均匀、无抹纹,分格缝和灰线应清晰美观"。

图 132 室内抹灰顶棚、梁、墙面,交接线角分明、平顺清晰,符合《建筑装饰装修工程质量验收规范》(GB 50210—2001)第 4.1.9 条"室内墙面、柱面和门洞口的阳角做法应符合设计要求。设计无要求时,应采用1:2水泥砂浆做暗护角,其高度不应低于2m,每侧宽度不应小于50mm"。

图 132

图 133

图 133 室内喷涂顶棚、柱面平整光滑、颜色一致,符合《建筑装饰装修工程质量验收规范》(GB 50210—2001)第 10.3.7 条(表 10.3.7 轻漆的涂饰质量和检验方法)"高级涂饰颜色均匀一致,表面光滑、光泽均匀一致,无刷纹,无裹棱、流坠、皱皮"。

图 134 室内抹灰顶棚、梁、墙面和木装饰柱面,交接线角横平竖直、平顺清晰。

图 134

图 135

图 135 室内抹灰吊顶、喷涂柱面,平整光滑、颜色一致,符合《建筑装饰装修工程质量验收规范》(GB 50210—2001)第 10.3.8 条"涂层与其他装修材料和设备衔接处应吻合,界面应清晰"。

图 136 室内喷涂顶棚、柱、梁面线角平顺清晰,颜色一致,花纹、花点大小均匀,符合《建筑装饰装修工程质量验收规范》(GB 50210—2001)第 10.4.3 条"美术涂饰工程应涂饰均匀、粘结牢固,不得漏涂、透底、起皮、掉粉和反锈"。

图 136

图 137

图 137 室内大面积暗龙骨吊顶,标高、尺寸、起拱和造型达到设计要求,符合《建筑装饰装修工程质量验收规范》(GB 50210—2001)第 6.2.5 条"吊杆、龙骨的材质、规格、安装间距及连接方式应符合设计要求。金属吊杆、龙骨应经过表面防腐处理;木吊杆、龙骨应进行防腐、防火处理"。

图 138

图 138 室内大面积暗龙骨吊顶,与墙柱饰面搭配和谐美观,符合《建筑装饰装修工程质量验收规范》(GB 50210—2001)第 6.2.8 条"饰面板上的灯具、烟感器、喷淋头、风口算子等设备的位置应合理、美观,与饰面板的交接应吻合、严密"。

图 139

图 139 室内大面积暗龙骨吊顶,与喷涂墙柱面、花岗岩地面搭配,图案华丽大方,吊顶饰面材料满足《建筑装饰装修工程质量验收规范》(GB 50210—2001)第 6.2.7 条"饰面材料表面应洁净、色泽一致,不得有翘曲、裂缝及缺损。压条应平直、宽窄一致"。

图 140

图 140 室内大面积暗龙骨造型吊顶,与喷涂墙柱面、花岗岩地面搭配和谐美观,在柔和灯光下构成一幅亮丽的"图画"。

图 141

图 141 圆形采光顶棚,线条顺直,图案美观,符合《建筑装饰装修工程质量验收规范》(GB 50210—2001)第 6.3.6 条"明龙骨吊顶工程的吊杆和龙骨安装必须牢固"。

图 142

图 142 玻璃采光顶棚梁格线条顺直,明暗线面效果突出,采光性能良好,达到设计使用功能要求。

图143

图143 室内罩面顶棚线条明快、亮丽,灯具安装平整美观,符合《建筑装饰装修工程质量验收规范》(GB 50210—2001)第6.2.8条"饰面板上的灯具、烟感器、喷淋头、风口算子等设备的位置应合理、美观,与饰面板的交接应吻合、严密"。

图144 室内罩面顶棚线条明快,顶棚与饰面砖墙身连接处用金属饰线处理,线角分明,美观大方。

图144

图 145

图 145 圆形玻璃采光顶棚,线条顺直,图案美观。

图 146

图 146 室内罩面顶棚线条顺直,表面平整、洁净,无翘曲、裂缝及缺损。饰面板与明龙骨的搭接平整、吻合,压条平直、宽窄一致。顶棚与抹灰墙面连接处用木饰线处理,美观大方。

图 147

图 147　室内抹灰顶棚、梁、柱面,线角分明,颜色均匀一致,符合《建筑装饰装修工程质量验收规范》(GB 50210—2001)第 4.2.5 条"抹灰层与基层之间及各抹灰层之间必须粘结牢固,抹灰层应无脱层、空鼓,面层应无爆灰和裂缝"。

图 148　室内抹灰顶棚、梁、柱面,天花石膏角线处理恰当,美观大方。

图 148

图 149

图 149 室内抹灰顶棚、梁与饰面砖圆柱面,平整光滑,线角顺直清晰。

图 150

图 150　电梯厅造型天花,安装牢固,表面平整光滑,无翘曲、裂缝及缺损。

图 151

图 151　公共走廊抹灰顶棚,安装牢固,表面平整光滑,灯盘、风口等安装到位,排列整齐;墙身抹灰,平整洁净,颜色均匀。

图 152 室内柱面干挂大理石，材质均匀无色差，表面平整洁净，凹凸线条出墙厚度均匀，上下口平直。

图 152

图 153 墙身抹灰，表面平整、洁净、色泽均匀一致，消防栓等摆放平正，栓边打注密封胶。

图 153

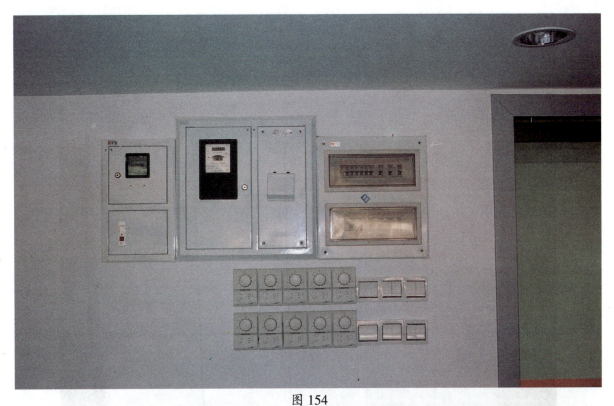

图154

图154 室内墙身抹灰,表面平整、洁净,电开关箱摆设平正,周边抹灰表面整齐、光滑、顺直

图155 室内墙面抹灰与大理石墙裙,表面平整,颜色均匀,墙裙出墙厚度一致,符合《建筑装饰装修工程质量验收规范》(GB 50210—2001)第8.3.8条"墙面突出物周围的饰面砖应整砖套割吻合,边缘应整齐;墙裙、贴脸突出墙面的厚度应一致"。

图155

图 156

图 156 设备房吊顶及墙面符合设计要求,吊顶与墙面金属饰面材料,表面平整洁净,接缝顺直、吻合、无色差,分格胶缝宽窄均匀、深浅一致。

图157

图157 抹灰与饰面砖内墙,表面平整、颜色均匀一致,饰面砖设压顶线与抹灰层连接,符合《建筑装饰装修工程质量验收规范》(GB 50210—2001)第8.3.8条"墙面突出物周围的饰面砖应整砖套割吻合,边缘应整齐;墙裙、贴脸突出墙面的厚度应一致"。

图158 抹灰与饰面砖内墙,表面平整、颜色均匀,饰面砖设置压顶线,出墙厚度一致。

图158

图159 室内消防管道敷设,管线横平竖直,管道穿过楼板、墙面部位使用套管并打注密封胶,接口圆顺。

图159

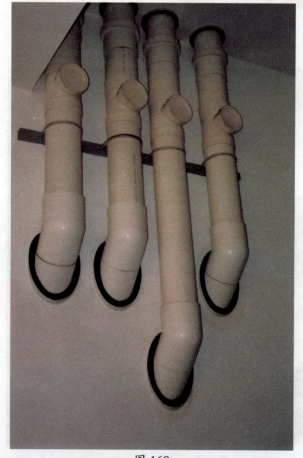

图160

图160 室内排水管道敷设,管线正视垂直,管道穿过墙面部位使用套管并打注密封胶,接口圆顺。

图 161

图 161　敷设管道穿过楼板、墙面部位使用套管并打注密封胶,接口圆顺。

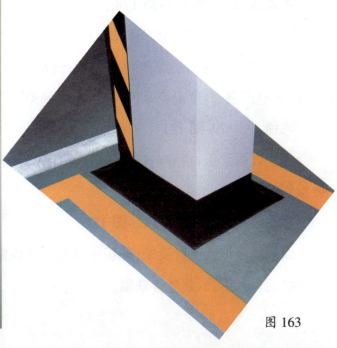

图 163

图 162　　　　　　　　　　　　　　　　图 163　地下室柱身抹灰,表面光滑、洁

图 162　设备房管线敷设,线槽横平竖　　净,接槎平整,柱脚做泛水避免污染。
直,槽边与墙身连接处打注密封胶,实用美观。

6. 地 面 与 楼 面

板块楼地面　图164~图173

　　板块品种、规格、颜色和图案符合设计要求,面层与基层粘结牢固,无空鼓;板块表面洁净,图案清晰,色泽一致,接缝均匀,周边顺直,板块无裂纹、缺楞、掉角等缺陷。

　　踢脚线表面清洁,接缝平整均匀,高度一致,结合牢固,出墙厚度适宜;各种面层邻接处镶边用料和尺寸符合设计要求和施工规范规定;边角整齐、光滑。

　　尺寸偏差小于规范允许值。

水磨石楼地面　图174~图176

　　面层材质、强度(配合比)和密实度符合设计要求和施工规范时规定;面层和基层的结合牢固无空鼓、无裂纹;表面光滑无砂眼和磨痕;石粒密实,显露均匀,颜色图案一致,不混色;分格条牢固、顺直和清晰。

　　踢脚线高度一致,出墙厚度均匀,与墙面结合牢固无空鼓;各种面层邻接处的镶边用料及尺寸符合设计要求和施工规范的规定;边角整齐光滑,不同颜色的邻接处不混色;尺寸偏差小于规范允许值。

木质楼地面　图177~图178

　　木质板面层钉铺牢固无松动,粘结牢固无空鼓;面层刨平磨光,无刨痕和毛刺的现象;图案清晰,清油面层颜色均匀一致;缝隙严密,接头位置错开,表面洁净;踢脚线表面光滑,接缝严密,高度出墙厚度一致;尺寸偏差小于规范允许值。

地毯　图179~图181

　　地毯表面平服,拼缝粘结牢固、严密平整,无起鼓、起皱、翘边、卷边、显拼缝、露线、污染损伤等缺陷。

水泥混凝土地面　图182~图184

　　面层坡度符合设计要求,无积水和倒泛水现象,与下一层结合牢固,不空鼓,表面应无裂纹、脱皮、麻面、起砂等缺陷。

图 164

图 164　陶瓷砖地面平整洁净,材质均匀、无裂纹,砖接缝横平竖直,符合《建筑地面工程施工质量验收规范》（GB 50209—2002）第 3.0.3 条"建筑地面工程采用的材料应按设计要求和本规范的规定选用,并应符合国家标准的规定;进场材料应有中文质量合格证明文件、规格、型号及性能检测报告,对重要材料应有复验报告"的强制性条文要求。

图 165　陶瓷砖地面平整洁净,材质均匀,图案清晰美观,符合《建筑地面工程施工质量验收规范》（GB 50209—2002）第 6.2.9 条"砖面层的表面应洁净、图案清晰,色泽一致,接缝平整,深浅一致,周边顺直;板块无裂纹、掉角和缺棱等缺陷"。

图 165

图 166

图 166 陶瓷砖地面平整洁净,接缝横平竖直、宽窄一致,墙身脚线高度一致、出墙厚度均匀;用密封胶封闭门框与地面接缝,处理恰当。

图 167

图 167 陶瓷砖地面平整洁净,材质均匀,符合《建筑地面工程施工质量验收规范》(GB 50209—2002)第 6.2.11 条"踢脚线表面应洁净、高度一致、结合牢固、出墙厚度一致"。

图 168

图 168 陶瓷砖地面平整洁净,材质均匀,拼花图案清晰,尺寸比例恰当,边缘整齐。

图 169

图 169 陶瓷砖地面材质均匀,接缝平顺,符合《建筑地面工程施工质量验收规范》(GB 50209—2002)第 6.2.9 条"砖面层的表面应洁净、图案清晰、色泽一致,接缝平整,深浅一致,周边顺直;板块无裂纹、掉角和缺棱等缺陷"。

图 170

图170 瓷质砖地面平整洁净,接缝平顺,符合《建筑地面工程施工质量验收规范》(GB 50209—2002)第6.2.10条"面层邻接处的镶边用料及尺寸应符合设计要求,边角整齐、光滑"。

图171 陶瓷砖地面材质均匀，接缝横平竖直。

图171

图171

图172 室内大理石地面，表面洁净、平整、无磨痕，石材花纹和颜色协调，符合《建筑地面工程施工质量验收规范》(GB 50209—2002)第6.3.3条"板材有裂缝、掉角、翘曲和表面有缺陷时应予剔除，品种不同的板材不得混杂使用；在铺设前，应根据石材的颜色、花纹、图案、纹理等按设计要求，试拼编号"。

图 173

图 173　室内地面花岗岩拼花面层,铺贴牢固、无空鼓,接缝横平竖直,图案美观大方,符合《建筑地面工程施工质量验收规范》(GB 50209—2002)第 6.3.7 条"大理石、花岗岩面层的表面应洁净、平整、无磨痕,且应图案清晰、色泽一致、接缝均匀、周边顺直、镶嵌正确、板块无裂纹、掉角、缺棱等缺陷"。

图 174

图 174　水磨石地面表面光滑,与基层结合牢固,无空鼓、裂纹,符合《建筑地面工程施工质量验收规范》(GB 50209—2002)第 5.4.9 条"水磨石面层应光滑;无明显裂纹、砂眼和磨纹;石粒密实,显露均匀;颜色图案一致,不混色;分格条牢固、顺直和清晰"。

图175 水磨石地面表面光滑,无明显裂纹、砂眼和磨痕,石粒密实,显露均匀,符合《建筑地面工程施工质量验收规范》(GB 50209—2002)第5.4.6条"水磨石面层的石粒,应采用坚硬可磨白云石、大理石等岩石加工而成,石粒应洁净无杂物,其粒径除特殊要求外应为6~15mm;水泥强度等级不应小于32.5;颜色应采用耐光、耐碱的矿物原料,不得使用酸性颜料"。

图175

图176

图176 水磨石外走廊地面表面光滑,与基层结合牢固,无空鼓、裂纹,分格条牢固、顺直和清晰,符合《建筑地面工程施工质量验收规范》(GB 50209—2002)第6.3.10条"面层表面的坡度应符合设计要求,不倒泛水、无积水;与地漏、管道结合处应严密牢固,无渗漏"。

图177 实木地板表面平整、洁净,铺设牢固,粘结无空鼓,面层缝隙严密,符合《建筑地面工程施工质量验收规范》(GB 50209—2002)第7.2.7条"实木地板面层所采用的材质和铺设时的木材含水率必须符合设计要求。木搁栅、垫木和毛地板等必须作防腐、防蛀处理"。

图177

图178 实木地板表面刨平、磨光,无明显刨痕和毛刺等现象;图案清晰、颜色均匀一致,符合《建筑地面工程施工质量验收规范》(GB 50209—2002)第7.2.11条"面层缝隙应严密;接头位置应错开、表面洁净"和第7.2.12条"踢脚线表面应光滑,接缝严密,高度一致"。

图178

图 179

图 179　室内地面采用方块地毯铺设，表面平服、拼缝处粘贴牢固、严密平整、图案吻合，符合《建筑地面工程施工质量验收规范》(GB 50209—2002)第 6.8.9 条"地毯表面不应起鼓、起皱、翘边、卷边、显拼缝、露线和无毛边，绒面毛顺光一致，毯面干净，无污染和损伤"。

图 180

图 180　室内面层采用卷材地毯铺设，表面平服、拼缝处粘贴牢固，无起鼓、起皱、翘边、卷边、显拼缝等缺陷。

图 181

图 181　室内地面人造地毯面层,表面平服,拼缝处粘贴牢固,洁净无污染。

图 182

图 182　地下室水泥混凝土面层,无裂缝、脱皮、麻面、起砂等缺陷,与基层结合牢固、不空鼓。

图 183

图183 地下室水泥混凝土面层,表面坡度符合设计要求,无倒泛水和积水现象。

图 184

图184 地下室水泥混凝土面层,无裂缝、脱皮、麻面、起砂等缺陷,与基层结合牢固、不空鼓。

7. 楼梯、踏步、扶手

图 185~图 201

花岗岩面料和釉面砖面料的楼梯步级做到齿角整齐,防滑条顺直,板块踏步缝隙一致,相邻两步宽度和高度差不超过 10mm。

楼梯间属公共场所,应注意墙面、斜板下抹灰及休息平台的细部处理。为减少污水污染,宜在踏步上做挡水线,在栏杆扶手一侧的踏步斜板下做滴水线。

图 185

图 185 花岗岩铺设外楼梯步级,齿角整齐,级高一致,楼梯扶手和拦板光洁顺直,图案清晰美观,符合《建筑地面工程施工质量验收规范》(GB 50209—2002)第 6.3.10 条"面层表面的坡度应符合设计要求,不倒泛水、无积水"。

图 186 花岗岩铺设楼梯步级,饰面纹理清晰,材质均匀,齿角整齐,级高一致,楼梯扶手和拦板光洁顺直,符合《建筑地面工程施工质量验收规范》(GB 50209—2002)第 6.3.7 条"大理石、花岗岩面层的表面应洁净、平整、无磨痕,且应图案清晰、色泽一致、接缝均匀、周边顺直、镶嵌正确、板块无裂纹、掉角、缺棱等缺陷"。

图 186

图187　楼梯扶手、拦板线条顺畅，釉面砖铺设楼梯步级，色泽一致，接缝平整，无裂缝、缺棱掉角等缺陷，符合《建筑地面工程施工质量验收规范》(GB 50209—2002)第6.2.12条"楼梯踏步和台阶板块的缝隙宽度应一致、齿角整齐；楼层梯段相邻踏步高度差不应大于10mm；防滑条顺直"。

图187

图188

图189

图188　水磨石铺设楼梯步级，齿角整齐，级高一致；木扶手顺滑，油漆明亮；步级侧设拦水，减少因清洁楼梯产生的污水对梯侧及梯板底造成污染。

图189　釉面砖铺设楼梯步级，齿角整齐，级高一致；不锈钢扶手顺滑；步级侧设拦水，减少因清洁楼梯产生的污水对梯侧及梯板底造成污染。

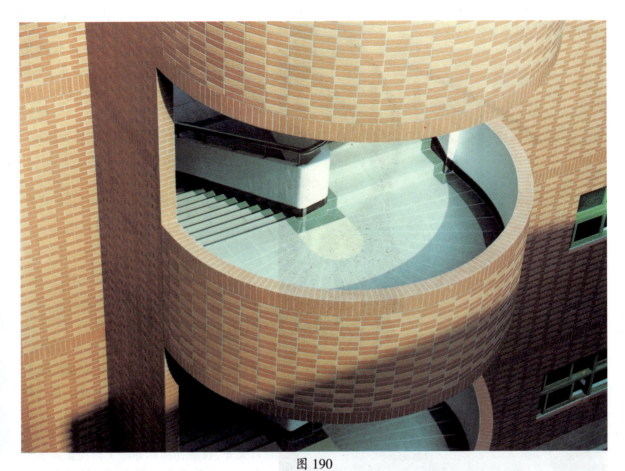

图 190

图 190　釉面砖铺设圆形楼梯平台，接缝圆顺，图案清晰美观，扶手、拦板顺直光洁。

图 191　釉面砖铺设圆形楼梯平台，接缝圆顺，图案清晰美观。

图 191

图192 大理石铺设弧形楼梯步级，饰面纹理清晰，材质均匀，齿角整齐，级高一致，石材表面洁净、平整、无磨痕，无裂纹、掉角、缺棱等缺陷，楼梯扶手和拦板光洁顺直。

图193 大理石铺设弧形楼梯步级，齿角整齐，楼梯相邻踏步高度差均匀，石材光滑但没有按《建筑地面工程施工质量验收规范》（GB 50209—2002）第6.3.9条"楼梯踏步和台阶板块的缝隙宽度应一致、齿角整齐，楼层梯段相邻踏步高度差应不大于10mm，防滑条应顺直、牢固"的要求设置防滑条，影响使用功能。

图192

图193

图194 室内步级双层夹胶玻璃护栏,安装牢固,高度符合规范要求,顺直光亮。

图194

图195

图195 釉面砖铺设顶层外楼梯步级,踏步和台阶板块的缝隙宽度一致、齿角整齐,扶手、拦板线条顺畅。

图196

图196 花岗岩铺设楼梯步级，材质均匀、图案清晰、色泽一致、接缝均匀、周边顺直、镶嵌正确、齿角整齐，相邻踏步级高一致，楼梯扶手和拦板光洁顺直。

图 197

图 197 人行扶梯,表面洁净,造型美观,线条圆顺、流畅,安装牢固,踏板与地面石材接合严密,平整。

图 198

图198 楼梯木扶手，安装牢固，转角圆顺，油漆光亮，护栏高度、栏杆间距、安装位置满足设计要求，符合《建筑装饰装修工程质量验收规范》(GB 50210—2001)第12.5.8条"护栏和扶手转角弧度应符合设计要求，接缝应严密，表面应光滑，色泽应一致，不得有裂缝、翘曲及损坏"。

图199 花岗岩铺设楼梯步级，材质均匀、图案清晰、色泽一致、接缝均匀、周边顺直、镶嵌正确、齿角整齐，相邻踏步级高一致。

图 199

图200 水磨石铺设楼梯步级,齿角整齐,级高一致;木扶手顺滑,油漆明亮;步级侧设拦水,减少因清洁楼梯产生的污水对梯侧及梯板底造成污染。

图200

图201 釉面砖铺设楼梯步级,齿角整齐,级高一致;不锈钢扶手,安装牢固,转角圆顺,护栏高度、栏杆间距、安装位置满足设计要求。

图201

8. 厕浴、阳台泛水

图202~图216

厕、浴、阳台、外走道地面应低于相邻室内地面15mm,其坡度符合设计要求,不倒泛水,无渗漏,无积水;厕、浴、阳台、外走道地面与地漏(管道)结合处严密平顺,并应比地漏口高出10mm;地漏口周边地面应做成斗锅状,以利排水。

图 202

图 202 卫生间洁具安装符合设计要求,地面排水坡向正确,无渗漏、积水,符合《建筑地面工程施工质量验收规范》(GB 50209—2002)第 3.0.6 条"厕浴间和有防滑要求的建筑地面的板块材料应符合设计要求"的强制性条文要求。

图 203 蹲厕安装符合设计要求,地面排水坡向正确,无渗漏,无积水。

图 203

图 204

图 204 瓷砖铺贴厕所面层,排水坡向、坡度符合设计要求,无倒泛水、积水等缺陷,洁具安装满足使用功能要求。

图 205

图 205 瓷砖铺贴厕所面层,地面排水坡向正确,符合《建筑地面工程施工质量验收规范》(GB 50209—2002)第 6.2.13 条"面层表面的坡度应符合设计要求,不倒泛水、无积水;与地漏、管道结合处应严密牢固,无渗漏"。

图 206

图 206 瓷砖铺贴外走廊地面,排水坡度符合设计要求,PVC排水管脚做法合理,地漏安装满足使用功能要求,符合《建筑地面工程施工质量验收规范》(GB 50209—2002)第 4.9.3 条"有防水要求的建筑地面工程,铺设前必须对立管、套管和地漏与楼板节点之间进行密封处理;排水坡度应符合设计要求"的强制性条文要求。

图 207

图 207 水磨石铺贴外走廊,合理设置小排水沟,组织排水效果较好,面层与地漏连接严密,无渗漏。

图 208 外走廊地面排水坡度符合设计要求,合理设置小排水沟,不倒泛水、无积水,组织排水效果较好,面层与地漏连接严密,无渗漏。

图 208

图 209 瓷砖地面与地漏结合处严密、无渗漏,地漏比相邻地面低10mm,做工精致。

图 209

图210

图210 瓷砖铺贴厕所面层,排水坡向、坡度符合设计要求,洁具安装满足使用功能要求,符合《建筑地面工程施工质量验收规范》(GB 50209—2002)第3.0.15条"厕浴间、厨房和有排水(或其他液体)要求的建筑地面面层与相连接各类面层的标高差应符合设计要求"的强制性条文要求。

图211

图211 卫生间洁具安装符合使用功能要求,地面排水坡向、坡度符合设计要求,地漏设置合理。

图212

图212 浴室洁具安装符合使用功能要求,地面排水坡向、坡度符合设计要求,无倒泛水、积水。

图213

图213 卫生间地面铺设防滑砖满足使用功能要求,地面排水坡向、坡度符合设计要求,地漏设置合理。

图 214

图 214 瓷砖铺贴厕所面层,排水坡向、坡度符合设计要求,地漏设置合理,洁具安装满足使用功能要求。

图 215

图 215 淋浴间地面铺设防滑砖,排水坡向、坡度符合设计要求,地漏设置部位恰当,地面与地漏结合处严密平顺,地漏口周边地面做成斗锅状,有利于排水。

图 216

图 216 瓷砖铺贴阳台地面,排水坡度符合设计要求,不倒泛水、无积水;排水立管安装垂直,支架设置合理、牢固。

9. 排气道

图 217~图 236

排气道的尺寸、位置、配件符合设计要求,通畅不堵塞,平整,使用方便,美观。

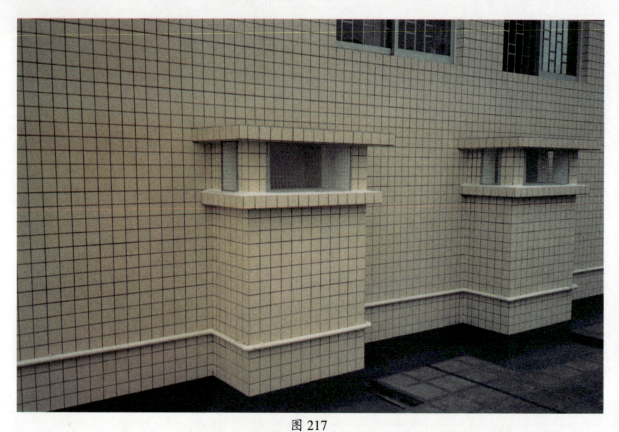

图 217

图 217　排气道尺寸、位置符合设计要求,满足功能要求,使用方便,饰面处理配合周边环境。

图 218　排气道尺寸、位置符合设计要求,通畅不堵塞,外观美观。

图 218

图 219

图 219　块状架空保护层屋面平整光滑，排水畅顺、无积水，通气管、排气管、天沟、泛水等设置符合设计要求，饰面做法精致，水平管道支架防水处理满足使用和装饰功能要求。

图 220

图 220　排气道符合设计要求，通畅不堵塞，造型美观，饰面细部做法精工。

图221 排气道符合设计要求,达到使用要求,饰面处理美观协调。

图 221

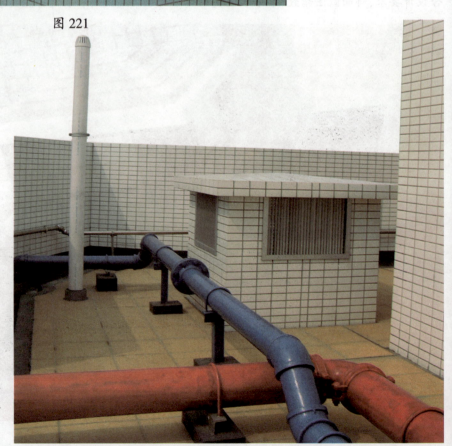

图222 排气道符合设计要求,通畅不堵塞,外观美观。

图 222

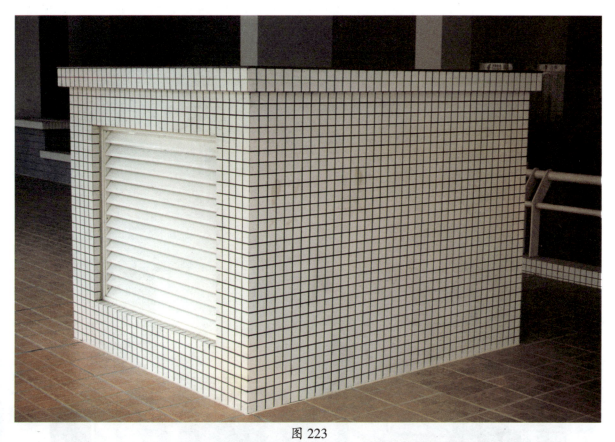

图 223

图 223 设在地面的排气道,方正美观,通畅不堵塞,满足使用功能要求。

图 224

图 224 屋面排气道截面尺寸、位置符合设计要求,排气道通畅不堵塞。

图 225

图 225 屋面层排气道、通气管安装符合设计要求,排气道饰面铺贴瓷质砖,装饰效果较佳,排气道脚部防水处理恰当;立管采用金属架固定的形式,使通气管的安装更牢固。

图 226

图 226 屋面层排气道符合设计要求,排气道饰面铺贴瓷质砖,装饰效果较佳,排气道脚部防水处理恰当。

图227 屋面层排气道设置符合设计要求,排气道饰面铺贴瓷质砖,未出现非整砖现象,装饰效果较佳,排气道脚部防水处理恰当。

图228 屋面层排气道、通气管安装符合有关规范要求,排气道饰面铺贴瓷质砖,装饰效果较佳,排气道脚部防水处理恰当;通气管用支架固定,牢固可靠。

图227

图228

图 229

图 229 屋面层排气道、通气管安装符合设计要求,排气道饰面铺贴瓷质砖,装饰效果较佳,排气道脚部防水处理恰当,满足使用功能要求。

图 230 建筑物外墙面设置排风口整洁美观,符合使用功能要求。

图 230

图231 屋面层通气管安装符合设计要求,采用金属架固定的形式,立管及固定架的脚部用金属套管及密封材料进行防水处理。

图231

图232 屋面通气管安装正确,立管侧视垂直,管脚套管处理恰当,管箍设置符合要求。

图232

图233 走廊栏板符合施工规范要求;饰面砖铺贴牢固砖缝包满,横平竖直,非整砖部位设置恰当;立管正视垂直,管箍安装牢固。

图 233

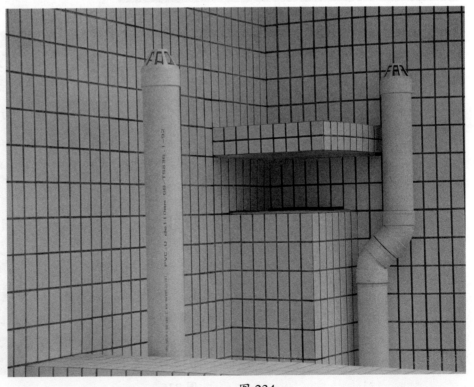

图234 通气管道安装顺直、通畅,弯头设置合理、美观。

图 234

图235 屋面通气管采用金属架固定的方式美观大方、牢固可靠，符合规范要求，立管及固定架的脚部用金属套管及密封材料进行防水处理合理、美观。

图235

图236 木排气口做工精美。

图236

10. 细木、护栏

细木（包括木楼梯扶手、护栏、贴脸板、护墙板、窗帘盒、窗台板、挂镜线和储藏柜等制作与安装） 图 237~图 255

  细木制品能做到树种、材质等级、含水率和防腐处理符合设计要求，与基层镶钉牢固，无松动。制作尺寸正确，表面平直光滑；楞角方正，线条顺直，不露钉帽无戗槎、刨痕、毛刺、锤印等缺陷。

  安装位置正确，割角整齐，接缝严密，安装牢固，与墙面紧贴、出墙尺寸一致，各种线条平整通顺。

  尺寸偏差小于规范允许值。

护栏（以当今常用的不锈钢护栏和钢铁护栏为例） 图 256~图 275

  护栏的材质、规格、造型、高度、尺寸和安装位置符合设计要求。安装牢固，转角圆顺，接缝严密；表面光滑，色泽一致，没有裂缝、翘曲及损坏。

  尺寸偏差小于规范允许值。

  图 274 和图 275 为当今不多见的现制水磨石扶手。面层材质、强度（配合比）和密实度符合设计要求；面层和基层的结合牢固无空鼓、裂纹；表面光滑，无砂眼和磨痕；石粒密实，显露均匀，颜色一致，不同颜色的邻接处不混色；线条顺直、清晰，边角整齐光滑。

  尺寸偏差小于规范允许值。

图237 室内楼梯木扶手顺直，安装牢固，符合《建筑装饰装修工程质量验收规范》(GB 50210—2001)第12.5.3条"护栏和扶手制作与安装所使用的材料的材质、规格、数量和木材、塑料的燃烧性能等级应符合设计要求"。

图237

图238 室内楼梯木扶手安装位置正确，平直通顺，光亮美观。

图238

图 239

图 239　室内走廊木护栏顺直光亮,花饰精美,安装牢固,符合《建筑装饰装修工程质量验收规范》(GB 50210—2001)第 12.5.6 条"护栏高度、栏杆间距、安装位置必须符合设计要求。护栏安装必须牢固"的强制性条文要求。

图 240

图 240　室内走廊木护栏顺直光亮,花饰精美,安装牢固,符合《建筑装饰装修工程质量验收规范》(GB 50210—2001)第 12.5.4 条"护栏和扶手的造型、尺寸及安装位置应符合设计要求"。

图241 木门套安装符合设计要求，固定点设置合理，安装牢固，符合《建筑装饰装修工程质量验收规范》(GB 50210—2001)第12.4.3条"门窗套制作与安装所使用材料的材质、规格、花纹和颜色、木材的燃烧性能等级和含水率、花岗岩的放射性及人造木板的甲醛含量应符合设计要求及国家现行标准的有关规定"。

图241

图242 木门套表面平整，贴脸板顺直美观，油漆光亮，符合《建筑装饰装修工程质量验收规范》(GB 50210—2001)第12.4.4条"门窗套的造型、尺寸和固定方法符合设计要求，安装应牢固"。

图242

图243 木门套尺寸正确,线角顺直,接缝严密,符合《建筑装饰装修工程质量验收规范》(GB 50210—2001)第12.4.5条"门窗套表面应平整、洁净、线条顺直、接缝严密、色泽一致,不得有裂缝、翘曲及损坏"。

图243

图244 木门套安装平整,表面洁净,接缝严密,油漆色泽一致。

图244

图 245

图 245 护墙板平整光滑,木纹清晰,油漆光亮。

图 246 护墙板平整光滑,饰线顺直,木纹清晰,油漆光亮。

图 246

图247 木饰面柜设置合理,表面平整光滑,油漆光洁明亮。

图247

图248 木饰面柜平整光滑,饰线顺直,油漆光亮,符合《建筑装饰装修工程质量验收规范》(GB 50210—2001)第 12.2.5 条"橱柜的造型、尺寸、安装位置、制作和固定方法应符合设计要求。橱柜安装必须牢固"。

图248

图 249

图 249 木饰面壁柜,表面平整、洁净、色泽一致,符合《建筑装饰装修工程质量验收规范》(GB 50210—2001)第 12.2.9 条"橱柜裁口应顺直、拼缝应严密"。

图250 木饰面衣柜平整光滑，饰线顺直，油漆光亮。

图250

图251 木饰面壁柜，造型、尺寸等符合设计要求，表面平整光滑，棱角方正，不露钉帽，无戗槎、刨痕等缺陷，哑光油漆光洁，符合《建筑装饰装修工程质量验收规范》(GB 50210—2001)第12.2.9条"橱柜裁口应顺直、拼缝应严密"。

图251

图 252

图 252 木饰面柜平整光滑，饰线顺直，油漆光亮，符合《建筑装饰装修工程质量验收规范》(GB 50210—2001)第 12.2.5 条"橱柜的造型、尺寸、安装位置、制作和固定方法应符合设计要求。橱柜安装必须牢固"。

图 253 木饰面吊柜，表面平整、洁净、色泽一致，符合《建筑装饰装修工程质量验收规范》(GB 50210—2001)第 12.2.7 条"橱柜的抽屉和柜门应开关灵活、回位正确"。

图 253

图254 木制窗帘盒，表面平整、洁净、线条顺直，无裂纹、翘曲及损坏，符合《建筑装饰装修工程质量验收规范》(GB 50210—2001)第12.3.3条"窗帘盒、窗台板和散热器罩制作与安装所使用材料的材质和规格、木材的燃烧性能等级和含水率、花岗岩的放射性及人造木板的甲醛含量应符合设计要求及国家现行标准的有关规定"。

图254

图255 木制窗帘盒，线条顺直，导轨平顺牢固，符合《建筑装饰装修工程质量验收规范》(GB 50210—2001)第12.3.5条"窗帘盒配件品种、规格应符合设计要求，安装应牢固"。

图255

图 256

图 256 走廊通花铸铁护栏安装牢固,满足使用功能。

图 224

图 257 天面不锈钢与玻璃混合护栏安装牢固,平直顺滑,高度符合规范要求,护栏安装的允许偏差符合《建筑装饰装修工程质量验收规范》(GB 50210—2001)第 12.5.9 条附表的规定。

图 258

图 258 不锈钢弧形护栏安装牢固,高度符合规范要求,护栏安装符合《建筑装饰装修工程质量验收规范》(GB 50210—2001)第 12.5.8 条"护栏和扶手转角弧度应符合设计要求,接缝应严密,表面应光滑,色泽应一致,不得有裂缝、翘曲及损坏"。

图 259 阳台铁护栏,安装牢固,高度符合规范要求,护栏安装的允许偏差符合《建筑装饰装修工程质量验收规范》(GB 50210—2001)第 12.5.9 条附表的规定。

图 259

图 260

图 260 高层建筑外阳台不锈钢玻璃护栏,高度符合规范要求,装饰效果简洁、美观,符合《建筑装饰装修工程质量验收规范》(GB 50210—2001)第 12.5.7 条"护栏玻璃应使用公称厚度不小于 12mm 的钢化玻璃或钢化夹层玻璃。当护栏一侧距楼地面高度为 5m 及以上时,应使用钢化夹层玻璃"。

图 261

图 261 高层建筑阳台铁护栏,安装牢固,油漆光亮。

图262

图262 室内楼梯不锈钢扶手安装牢固,高度符合规范要求,顺直光亮。

图263 室内楼梯不锈钢扶手安装牢固,高度符合规范要求,扶手安装符合《建筑装饰装修工程质量验收规范》(GB 50210—2001)第12.5.8条"护栏和扶手转角弧度应符合设计要求,接缝应严密,表面应光滑,色泽应一致,不得有裂缝、翘曲及损坏"。

图263

图 264

图 264　室内窗台铁护栏顺直光亮,安装牢固,符合《建筑装饰装修工程质量验收规范》(GB 50210—2001)第 12.5.6 条"护栏高度、栏杆间距、安装位置必须符合设计要求。护栏安装必须牢固"的强制性条文要求。

图 265

图 265 建筑顶层不锈钢和玻璃护栏,安装牢固,高度符合规范要求,护栏安装的允许偏差符合《建筑装饰装修工程质量验收规范》(GB 50210—2001) 第 12.5.9 条附表的规定。

图 266 建筑顶层设置不锈钢玻璃护栏,高度符合规范要求,装饰效果简洁、美观。

图 266

图 267

图267　通花铸铁护栏安装牢固,材质均匀,表面顺滑、光亮,高度符合使用功能要求。

图 268

图268　住宅飘窗在室外设置钢护栏,符合安全使用功能要求。

图 269

图 269 地下室入口边设置钢护栏,符合安全使用功能要求。

图 270

图 270 室外花岗岩和铁花护栏,线条顺直清晰,造型独特,满足使用功能要求,符合《建筑装饰装修工程质量验收规范》(GB 50210—2001)第 12.5.4 条"护栏和扶手的造型、尺寸及安装位置应符合设计要求"。

图271 公共建筑室外铁护栏,安装牢固,装饰效果简洁、美观。

图271

图272

图272 公共部分钢和玻璃护栏,安装牢固,高度符合规范要求符合《建筑装饰装修工程质量验收规范》(GB 50210—2001)第12.5.7条"护栏玻璃应使用公称厚度不小于12mm的钢化玻璃或钢化夹层玻璃。当护栏一侧距楼地面高度为5m及以上时,应使用钢化夹层玻璃"。

图 273

图 273 住宅室外空调主机格设置活动不锈钢护栏,安装牢固,既满足通风散热和设备检修的使用功能要求,又达到美观大方的装饰效果。

图274 水磨石扶手表面光滑平整,线条顺直清晰,符合《建筑装饰装修工程质量验收规范》(GB 50210—2001)第12.5.4条"护栏和扶手的造型、尺寸及安装位置应符合设计要求"。

图274

图275 屋面楼梯水磨石扶手,材质均匀,面层与基层结合部位牢固、无空鼓、无裂纹、石粒密实、颜色均匀,边角整齐顺滑。

图275

11. 门、窗、玻璃安装

木门安装 图276~图287

木门框安装牢固,安装位置、固定点符合设计要求;门框与墙体间填塞保温材料做到饱满、均匀。尺寸偏差小于规范允许值。

门扇裁口顺直,刨面光滑,无倒翘、回弹,开关灵活、稳定。

小五金齐全,安装位置适宜,槽边整齐,槽深一致,尺寸准确,规格符合设计要求;木螺丝拧紧卧平,插销开启灵活,小五金没有被油漆污染。

钢门安装 图288~图292

钢门及其附件、安装位置、开启方向、预埋件数量、位置、连接方法等符合设计要求,安装牢固,尺寸偏差小于规范允许值。

门扇开闭严密,开关灵活,无倒翘、阻滞、回弹。

框与墙体间缝隙填塞材料和施工方法符合设计要求,填嵌饱满、密实,表面平整。

铝合金门窗安装 图302~图310

铝合金门窗及其附件、安装位置、开启方向及预埋件数量、位置、连接方法、防腐处理等符合设计要求;安装牢固,尺寸偏差小于规范允许值。

铝合金门框与墙体间缝隙填嵌做到材料和施工方法符合设计要求,填嵌饱满、密实,表面平整、光滑、无裂缝。尺寸偏差小于规范允许值。

门窗扇安装做到开闭严密,开关灵活,无倒翘、阻滞、回弹。

推拉门窗扇关闭严密,间隙均匀,扇与框搭接量符合设计要求;窗下框合理设置排水孔,窗扇上侧设置防脱落的限位装置。

弹簧门扇自动定位准确,开启角度为90度±1.5度,关闭时间在6~10 s范围之内。

铝合金门窗附件安装做到附件齐全,安装位置正确、牢固、灵活适用,达到各自的功能,端正美观。

铝合金门窗外观做到表面洁净,无划痕、拼伤,无锈蚀;涂胶表面光滑、平整、厚度均匀,无气孔。

玻璃安装 图293~图301

玻璃裁制尺寸正确,安装牢固、平整,无松动现象。固定玻璃的钉子或丝卡的数量、规格符合规定;胶压条与裁口、玻璃与压条紧贴,整齐一致;玻璃表面清洁,无油灰、玻璃胶浆水、油漆等斑污,安装朝向正确。

尺寸偏差小于规范允许值。

图276 套间木门安装牢固,固定点定位恰当,表面平整洁净,无刨痕、锤印,符合《建筑装饰装修工程质量验收规范》(GB 50210—2001)第5.2.2条"木门窗的木材品种、材质等级、规格、尺寸、框扇的线型及人造木板的甲醛含量应符合设计要求。设计未规定材质等级时,所用木材的质量应符合本规范附录A的规定"。

图276

图277 套间木门安装牢固,固定点定位恰当,开启灵活,框边设贴脸板封盖门套与抹灰墙面的缝隙,符合《建筑装饰装修工程质量验收规范》(GB 50210—2001)第5.2.3条"木门窗应采用烘干的木材,含水率应符合《建筑木门、木窗》(JG/T 122)的规定"及第5.2.4条"木门窗的防火、防腐、防虫处理应符合设计要求"。

图277

图 278

图 278 套间木门符合设计要求，表面平整，开启灵活，符合《建筑装饰装修工程质量验收规范》(GB 50210—2001)第 5.2.11 条"木门窗配件的型号、规格、数量应符合设计要求，安装应牢固，位置应正确，功能应满足使用要求"。

图 279 套间木门表面平整，开启灵活，无刨痕、锤印，符合《建筑装饰装修工程质量验收规范》(GB 50210—2001)第 5.2.18 条"木门窗安装的留缝限值、允许偏差和检验方法应符合表 5.2.18 的规定"。

图 279

图280 门铰安装位置正确,门铰与门框、扇表面平贴,安装牢固,开启灵活,无锈蚀、油漆污染等缺陷。

图280

图281 木门安装符合设计要求,表面平整,油漆光亮,门锁等小五金安装位置正确、牢固,符合《建筑装饰装修工程质量验收规范》(GB 50210—2001)第5.2.16条"木门窗批水、盖口条、压缝条、密封条的安装应顺直,与门窗结合应牢固、严密"。

图281

图282　木门造型美观符合设计要求，表面平整，油漆光亮，门锁等小五金安装位置正确、牢固，符合《建筑装饰装修工程质量验收规范》(GB 50210—2001)第5.2.13条"木门窗的割角、拼缝应严密平整。门窗框、扇裁口应顺直，刨面应平整"。

图282

图283　木门扇造型符合设计要求，金属门锁、拉手质量优良，安装牢固，开启灵活。

图283

图284

图284 木门造型美观符合设计要求,门扇表面平整,油漆光亮,石门套安装牢固,符合《建筑装饰装修工程质量验收规范》(GB 50210—2001)第12.4.5条"门窗套表面应平整、洁净、线条顺直、接缝严密、色泽一致,不得有裂缝、翘曲及损坏"。

图 285

图 285 金属门锁大样,安装牢固,开启灵活,拉手质量优良。

图 286

图 286 木质防火门安装符合设计要求,防火膨胀胶条设置合理,门铰安装位置正确,但门铰开槽尺寸不准,小五金受污染。

图 287

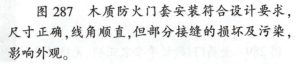

图 287 木质防火门套安装符合设计要求,尺寸正确,线角顺直,但部分接缝的损坏及污染,影响外观。

图288 金属门安装符合设计要求，表面洁净、平整、光滑、色泽一致，无锈蚀，大面无划痕、碰伤，并符合《建筑装饰装修工程质量验收规范》(GB 50210—2001)第5.3.2条"金属门窗的品种、类型、规格、尺寸、性能、开启方向、安装位置、连接方式及铝合金门窗的型材壁厚应符合设计要求。金属门窗的防腐处理及填嵌、密封处理应符合设计要求"。

图288

图289 金属门锁、拉手安装正确、无锈蚀。

图289

图290 设备房金属门安装符合使用功能要求,表面平整,色泽一致,无锈蚀;安装牢固、开启灵活、关闭严密、无倒翘。

图290

图291 设备房金属门安装符合使用功能要求,安装牢固,门框与墙身之间的缝隙填嵌密封胶,符合《建筑装饰装修工程质量验收规范》(GB 50210—2001)第5.3.8条"金属门窗框与墙体之间的缝隙应填嵌饱满,并采用密封胶密封。密封胶表面应光滑、顺直,无裂纹"。

图291

图 292

图 292 出屋面层钢门安装符合使用功能要求,表面平整,色泽一致,无锈蚀;安装牢固、开启灵活、关闭严密、无倒翘。

图 293

图 293　无框玻璃门安装符合设计要求,安装牢固,玻璃门扇洁净、明亮、美观,不锈钢拉手、门铰、门锁等小五金安装符合设计要求。

图 294

图 294　自动感应玻璃门安装符合设计要求,安装牢固,玻璃门扇洁净、明亮、美观,符合《建筑装饰装修工程质量验收规范》(GB 50210—2001)第5.5.4条"带有机械装置、自动装置或智能化装置的特种门,其机械装置、自动装置或智能化装置的功能应符合设计要求和有关标准的规定"。

图295　塑钢平开窗安装符合使用功能要求,安装牢固,开启灵活,玻璃窗扇洁净、明亮、美观,符合《建筑装饰装修工程质量验收规范》(GB 50210—2001)第5.3.3条"金属门窗框与副框的安装必须牢固。预埋件的数量、位置、埋设方式、与框的连接方式必须符合设计要求"。

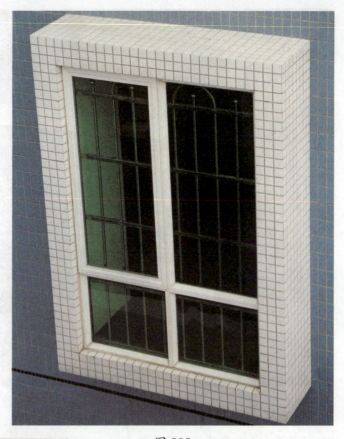

图295

图296

图296　玻璃门安装符合设计要求,玻璃门扇洁净、明亮、美观,小五金附件齐全,安装正确。

图297

图297 木骨架玻璃隔墙安装,表面平整洁净、色泽一致、清晰美观,玻璃无裂痕、缺损和划痕,符合《建筑装饰装修工程质量验收规范》(GB 50210—2001)第7.5.9条"玻璃板隔墙嵌缝及玻璃砖隔墙勾缝应密实平整、均匀顺直、深浅一致"。

图 298

图 298　自动感应玻璃门安装符合设计要求,安装牢固,玻璃门扇洁净、明亮、美观,符合《建筑装饰装修工程质量验收规范》(GB 50210—2001)第 5.5.4 条"带有机械装置、自动装置或智能化装置的特种门,其机械装置、自动装置或智能化装置的功能应符合设计要求和有关标准的规定"。

图 299

图 299　铝合金推拉窗安装符合使用功能要求,玻璃裁制尺寸正确,安装牢固,玻璃表面洁净,无油灰、玻璃胶浆液、油漆等污染。

图 300

图 300 玻璃安装表面洁净,无腻子、密封胶、涂料、油漆等污染,符合《建筑装饰装修工程质量验收规范》(GB 50210—2001)第 5.6.4 条"玻璃安装方法应符合设计要求。固定玻璃的钉子或钢丝卡的数量、规格应保证玻璃安装牢固"。

图 301

图 301 玻璃安装符合设计要求,小五金配件齐全,安装位置合理,无锈蚀。

图 302

图 302　铝合金推拉窗安装符合使用功能要求,安装牢固,推拉灵活,玻璃窗扇洁净、明亮、美观,符合《建筑装饰装修工程质量验收规范》(GB 50210—2001)第 5.3.7 条"铝合金门窗推拉门窗扇开关力应不大于 100N"。

图 303　铝合金推拉窗安装符合使用功能要求,小五金附件齐全、安装位置正确,金属护栏、防撞胶、外侧防脱落杆等设置合理,满足使用功能要求,符合《建筑装饰装修工程质量验收规范》(GB 50210—2001)第 5.3.4 条"金属门窗扇必须安装牢固,并应开关灵活、关闭严密,无倒翘。推拉门窗扇必须有防脱落措施"。

图 303

图 304

图 304　铝合金推拉窗安装符合使用功能要求,安装牢固,开启灵活,玻璃洁净明亮,铝合金门窗安装的允许偏差符合《建筑装饰装修工程质量验收规范》(GB 50210—2001)第 5.3.12 条的规定。

图 305

图 305　铝合金推拉窗安装符合使用功能要求,玻璃裁制尺寸正确,安装牢固,玻璃表面洁净,无油灰、玻璃胶浆液、油漆等污染,符合《建筑装饰装修工程质量验收规范》(GB 50210—2001)第 5.3.8 条"金属门窗框与墙体之间的缝隙应填嵌饱满,并采用密封胶密封。密封胶表面应光滑、顺直,无裂纹"。

图 306

图 306 铝合金推拉窗安装符合使用功能要求，玻璃表面洁净，无划痕、碰伤，外窗扇设置了限位防脱落装置，满足使用功能要求。

图 307

图307 铝合金平开窗安装,附件小五金齐全,安装牢固,无锈蚀、油漆污染等缺陷,符合《建筑装饰装修工程质量验收规范》(GB 50210—2001)第 5.3.9 条"金属门窗扇的橡胶密封条或毛毡密封条应安装完好,不得脱槽"。

图308 铝合金平开门窗安装符合使用功能要求,安装牢固,开启灵活,玻璃窗扇洁净、明亮、美观。

图308

图309

图309 铝合金推拉窗安装符合使用功能要求,材质优良,外形美观,安装牢固,推拉灵活。

图 310

图 310 塑钢玻璃门符合设计要求,安装牢固,玻璃门扇洁净、明亮、美观,附件小五金齐全,无锈蚀、油漆污染等缺陷。

12. 油 漆

混色油漆　图 311~图 316

无脱皮、漏刷和反锈；大面无流坠、透底、皱皮、光亮、光滑无挡手感，无分色裹楞现象；小面明显处无透底、流坠、皱皮，偏差不大于 2mm；装饰线、分色线通顺，偏差不大于 1mm；颜色均匀一致；油漆没有污染其他表面五金附件、玻璃等洁净。

清色油漆　图 317~图 323

无脱皮、漏刷和斑迹；木纹清楚，棕眼刮平；光亮柔和、光滑无挡手感；大面、小面处均无流坠、透底、皱皮、刷纹；油漆没有污染其他表面五金附件、玻璃等洁净。

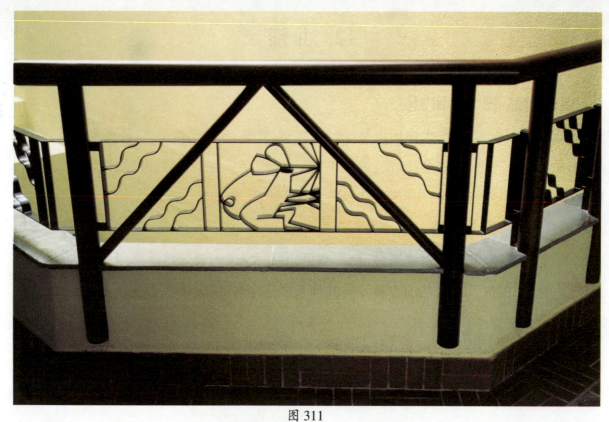

图 311

图 311　木护栏混色油漆表面光滑,色泽光亮。

图 312　木花窗混色油漆大小面均无透底、流坠、皱皮;表面光亮顺滑,颜色一致无刷痕;玻璃清洁明亮。

图 312

图 313

图 313 钢护栏混色油漆表面光滑,色泽光亮,颜色一致无刷纹,无污染其他表面。

图 314

图 314 水泵房设备、管道混色油漆表面光滑,色泽光亮,小面明显处无透底、流坠、皱皮等缺陷。

图 315

图 315 地下室管道混色油漆表面光滑,色泽光亮,无污染其他表面。

图 316

图 316 水泵房设备、管道混色油漆表面光滑,色泽光亮,颜色均匀,无污染其他表面。

图317 木门油清漆,木纹清晰,无流坠、皱皮;光洁柔和,小五金附件无污染。

图317

图318 木门油清漆,木纹清晰,光亮柔和,色泽均匀一致,无刷痕,无污染其他表面。

图318

图 319

图 319 木隔断等油清漆,木纹清晰,光亮、光滑无挡手感,无分色里棱等缺陷。

图 320

图 321

图 322

图 323

图 320~图 323　木门、木间隔等油清漆，木纹清晰，光亮柔和，大面无流坠、透底、皱皮、刷纹，小五金附件等洁净无污染。

13. 机房、管井、地下室

机房 图324~图334

机房工程的观感质量不低于该单位工程观感质量水平,清洁,通风良好,无积水,安全设施齐备,安全操作规程上墙;设备安装符合规范要求,标识清楚。

管井 图335~图338

管井工程的观感质量不低于该单位工程观感质量水平,清洁、干燥无积水;管线安装符合规范要求,标识清楚。

地下室 图339~图352

地下室工程的观感质量不低于该单位工程观感质量水平,清洁、干燥无积水,通风良好;管线、设备安装符合规范要求,标识清楚;没有渗、裂、漏的现象;内墙面不空鼓、无裂纹,不宜在混凝土内墙面抹灰,应大力推广应用清水混凝土墙面和天花板;室内地面平整、排水畅顺,不宜在地面基层上抹水泥砂浆,宜推广应用随打随抹面的混凝土地面。

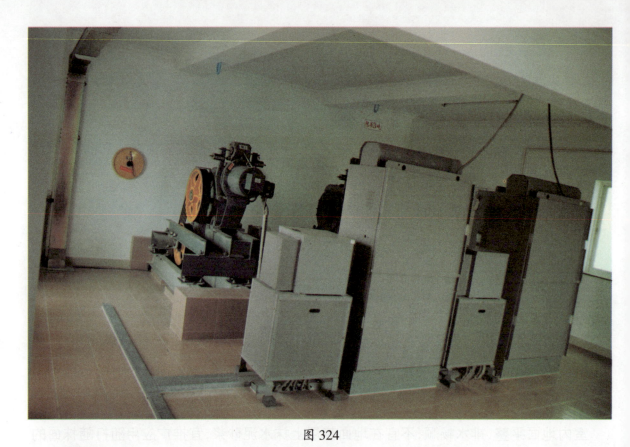

图 324

图 324 电梯机房地面、墙面平整,设备、线槽安装整齐,通风、照明良好。

图 325

图 326

图 325 电梯机房地面、墙面平整,设备、线槽安装整齐,标识清楚,通风、照明良好。

图 326 设备房地面、墙面平整,设备、线槽安装整齐,通风、照明良好。

图 327

图327 水泵房地面、墙面平整,设备、线槽安装整齐,标识清楚,排水、通风、照明良好。

图328 电梯机房地面、墙面平整,设备、线槽安装整齐,标识清楚,通风、照明良好。

图 328

图 329

图 329 电梯机房设备摆设合理,符合设计要求,敷设在地面的管线槽两侧做挡水,符合使用功能要求。

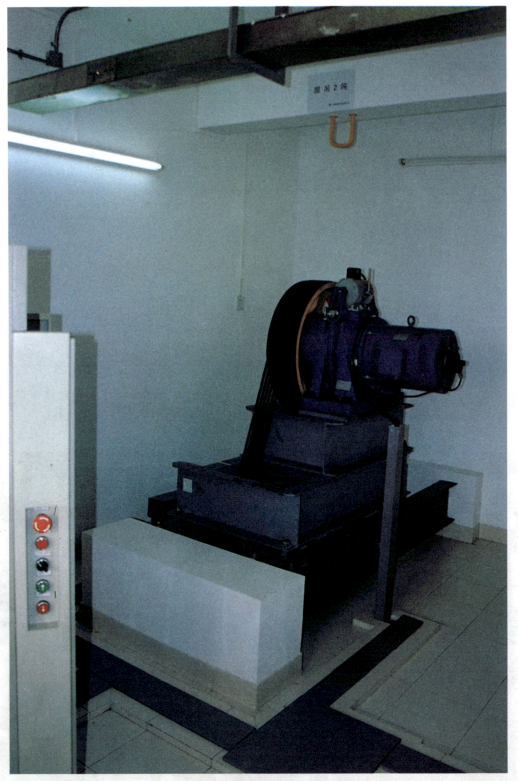

图 330

图 330　电梯机房地面、墙面平整,油漆色泽均匀,设备、线槽安装整齐,标识清楚,室内通风、照明良好。

图331　电梯机房设备摆设合理,符合设计要求,敷设在地面的管线槽两侧做挡水,符合使用功能要求。

图331

图332　地下室水泵房设备摆设合理,管线敷设整齐,符合设计要求。

图332

图333

图333 地下室水泵房设备摆设合理,管线敷设整齐,水平管道使用铁架支撑,符合设计要求。

图334

图334 地下室水泵房设备摆设合理,管线敷设整齐,符合设计要求,但地面不洁净而且有油漆、锈迹等污染,影响外观。

图 335

图 335 管井清洁，线管敷设整齐，标识清楚。

图 336 管井清洁，线管敷设整齐，标识清楚。

图 336

图337 管井清洁,管道敷设整齐。

图337

图338 管井清洁,管道敷设整齐。

图338

图 339

图 339　地下室入口墙、梁、柱表面平整,线角横平竖直,清洁明亮。

图 340

图 340　地下室入口地面平整,坡度恰当,标识清楚。

图 341

图 341 地下室墙、梁、柱、地面,表面平整,线角横平竖直,管道安装整齐,室内清洁明亮。

图 342

图 342 地下室墙、梁、柱、地面,表面平整,线角横平竖直,管道安装整齐,室内清洁明亮。

图 343

图 343　地下室墙、梁、柱、地面，表面平整，线角横平竖直，管道安装整齐，耐磨涂料地面平整，达到使用功能要求。

图 344

图 344　地下室墙、梁、柱、地面，表面平整，线角横平竖直，管道安装整齐，各种标识清晰，室内清洁明亮，沥青地面吸声、防滑、无尘、不反光，效果较佳。

图 345

图 345　地下室墙、梁、柱、地面,表面平整,线角横平竖直,管道、灯具安装整齐,室内清洁明亮。

图 346

图 346　地下室墙、梁、柱、地面,表面平整,线角横平竖直,管道、灯具安装整齐,各种标识清晰,室内清洁明亮。

图 347

图347　地下室入口,地面平整,设置明沟排水,墙柱线角横平竖直,地下室标识清晰。

图 348

图348　地下室出口,地面平整,排水坡向、坡度符合设计要求,墙面洁净,平整顺直,油漆色泽均匀一致。

图 349

图 349　地下室出口，排水坡向、坡度符合设计要求，标识清楚，斜坡面做减速条，满足使用功能要求，墙面洁净，平整顺直。

图 350

图 350　地下室梁、柱、地面，表面平整，线角横平竖直，墙面洁净，油漆均匀一致，管线安装整齐。

图351

图351 地下室梁、柱、地面,表面平整,线角横平竖直,墙面洁净,色泽均匀一致,室内洁净明亮,交通标识清晰。

图352

图352 地下室耐磨涂料地面,表面平整,设分格缝并打注密封胶,管线安装整齐。

二、广州市建筑工程质量通病治理措施(节录)

项次	工序节点名称	图示	要求与做法
一	建筑物外墙与散水坡、台阶、明沟留沉降缝	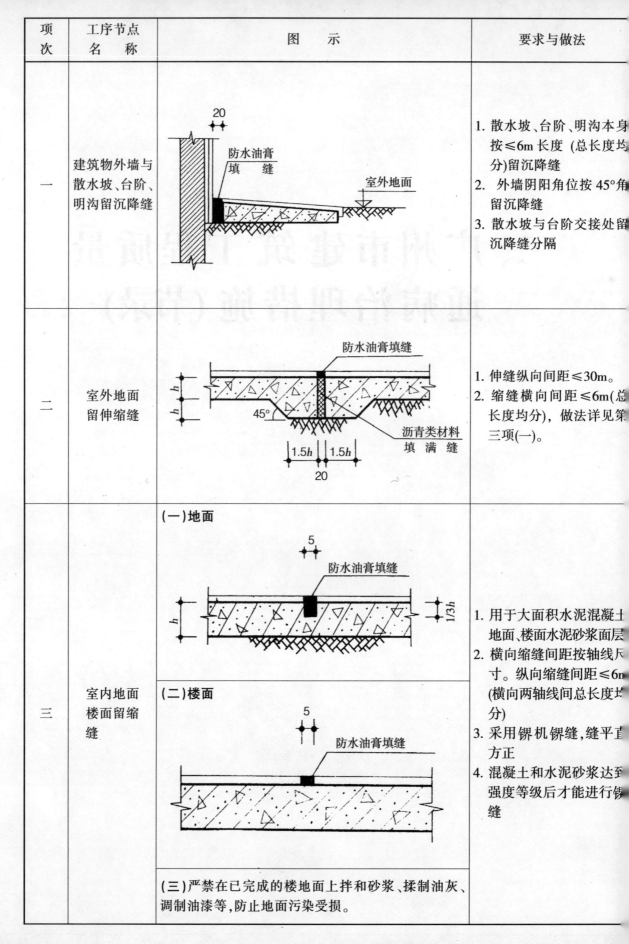	1. 散水坡、台阶、明沟本身按≤6m长度(总长度均分)留沉降缝 2. 外墙阴阳角位按45°角留沉降缝 3. 散水坡与台阶交接处留沉降缝分隔
二	室外地面留伸缩缝		1. 伸缝纵向间距≤30m。 2. 缩缝横向间距≤6m(总长度均分),做法详见第三项(一)。
三	室内地面楼面留缩缝	(一)地面 (二)楼面 (三)严禁在已完成的楼地面上拌和砂浆、揉制油灰、调制油漆等,防止地面污染受损。	1. 用于大面积水泥混凝土地面、楼面水泥砂浆面层 2. 横向缩缝间距按轴线尺寸。纵向缩缝间距≤6m(横向两轴线间总长度均分) 3. 采用锯机锯缝,缝平直方正 4. 混凝土和水泥砂浆达到强度等级后才能进行锯缝

项次	工序节点名称	图示	要求与做法
四	变形沉降缝	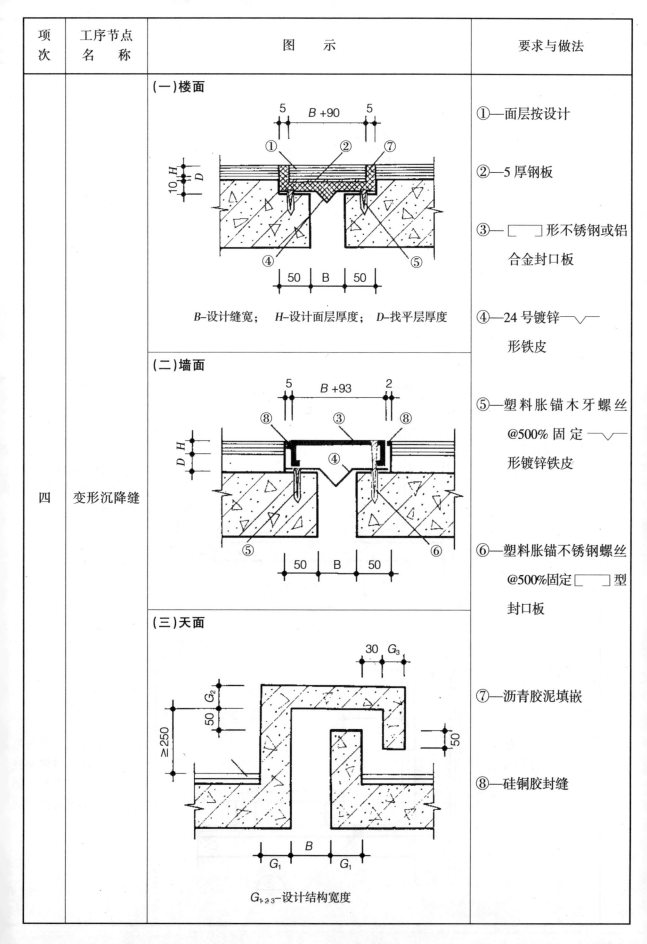 (一)楼面 B-设计缝宽；H-设计面层厚度；D-找平层厚度 (二)墙面 (三)天面 $G_{1,2,3}$-设计结构宽度	①—面层按设计 ②—5厚钢板 ③—⊐形不锈钢或铝合金封口板 ④—24号镀锌∨形铁皮 ⑤—塑料胀锚木牙螺丝@500%固定∨形镀锌铁皮 ⑥—塑料胀锚不锈钢螺丝@500%固定⊐型封口板 ⑦—沥青胶泥填嵌 ⑧—硅铜胶封缝

项次	工序节点名称	图示	要求与做法
五	女儿墙压顶、阳台栏板压顶面做向内排水坡,下面做鹰嘴或滴水线	(图示:女儿墙压顶 $i \geq 6\%$，下面 $i \geq 20\%$，外、内标注)	块料面层交接位做法设计无明确要求时,按图示施工
六	屋面防水层与女儿墙交接阴角位做圆弧	(图示:$r=100$, 20, ≥250, 200, 防水油膏填缝 ②)	1. 防水层往女儿墙身做高 ≥250mm 2. 离女儿墙面 200mm 留全长伸缩缝
七	架空隔热层、刚性保护层离开女儿墙间距	(图示:250, ②/六)	1. 架空隔热层尚要按第 项④点要求留伸缩缝 2. 刚性保护层尚要按第 项③点要求留伸缩缝

项次	工序节点名称	图示	要求与做法
八	屋面保护层留伸缩缝	① 柔性防水屋面：宜采用绿豆砂或块料作保护层	块料按④点要求分块
		② 刚性防水屋面(水泥砂浆)：缝宽10mm，防水油膏填缝	按36m²面积分块，纵向长度≤6m(按总长均分)
		③ 细石混凝土：缝宽20mm，防水油膏填缝	按36m²面积分块，纵向长度≤6m(按总长均分)
		④ 块状材料：缝宽20mm，防水油膏填缝	1. 架空按≤100m²面积分块 2. 座砌按≤36m²面积分块
		⑤ 珍珠岩或轻质陶粒保温层：	1. 按6m×6m设置纵横排气孔道 2. 按36m²设置一个排气孔 3. 屋面宽度≥10m设置通风屋脊
九	厨、浴厕、阳台、外走道等地面低于居室地面	① 厨、浴厕间、阳台、外走道地面低于居室地面相对标高15mm ② 厨、浴厕、阳台、外走道等处的地漏低于相对地面标高10mm	
十	腰线、挑檐、雨篷做滴水线	(图示：$i \geq 3\%$，尺寸25~30，15~20)	

项次	工序节点名称	图示	要求与做法
十一	窗楣做鹰嘴，外窗台低于内窗台，外窗台做向外排水坡	（图示：内窗台、外窗台、防撞胶、$i \geq 20\%$、5×8槽防水胶密封、内、外）	1. 窗楣及窗台块料贴面，其外角采用夹角镶贴 2. 窗楣突出线时，按第十项施工。窗台突出线时，按第五项施工 3. 铝合金窗外周边留宽5mm深8mm槽，防水胶密封 4. 安装用螺丝应用铜或不锈钢螺丝 5. 钢窗内外窗台高差>10mm
		铝合金窗下框必须有泄水结构，如无时： ① 推拉窗：导轨在靠两边框位处铣8mm宽口泄水 ② 平开窗：在框靠中梃位置每个洞铣一个宽8mm口泄水	
十二	墙面、地面镶贴块料面	① 不允许有小于1/4的块料 ② 条形饰面砖不得小于1/2砖 ③ 独立柱用条形饰面砖时，宽度方向必须用整砖 ④ 地面铺400mm×400mm以下块料必须通缝。400mm×400mm以上块料可用分色块料分隔 ⑤ 天面、地面块料铺贴缝宽≥2mm以防膨胀起鼓变形 ⑥ 露台铺贴块料时，地面四周留缝20mm宽，防水油膏填缝	1. 镶贴前进行模数计算和预排、使排砖和拼缝均匀 2. 非整砖行排在阴角处或次要部位 3. 阴阳角方正顺直不得出现鼠尾现象 4. 采取措施消除空鼓和裂缝

项次	工序节点名称	图 示	要求与做法
十三	楼梯步级	① 级面平整、宽度均匀一致,防滑条采用石米、铁砂时应高出级面 5mm;采用铜条时应高出 2mm,并顺直、牢固 ② 相邻两级差不得超过 10mm	
十四	木门窗安装	① 按规范要求做好锚固 ② 铰链要用开槽机双面开槽,槽深浅度一致 ③ 门窗安装的留缝宽度: 　(1) 门窗扇与框间立缝的留缝宽度为 1.5~2.5mm 　(2) 框与扇间上缝的留缝宽度为 1.0~1.5mm 　(3) 门扇与地面间缝: 　　a) 外门留缝宽度为 4~5mm 　　b) 内门留缝宽度为 6~8mm 　　c) 卫生间门留缝宽度为 10~12mm	1. 门窗上下冒头必须刨光,刷油漆 2. 油漆不得污染小五金
十五	立管(包括生活和消防给水、排水、空调水系统及输送其他介质的各种立管)要离墙敷设	≥20(完成面) 管卡	1. 管卡设置要符合规范要求,且工艺合理 2. 管背墙面平直,装饰(粉刷)到位,不得被油漆污染 3. PVC 管的金属管卡与管外表面之间应垫软垫片
十六	管道(包括生活和消防给水、排水、空调水等管道) 在屋面、楼地面上的敷设	≥100　膨胀螺栓　防水层	1. 严禁无支托架(墩)沿地面敷设,应采用膨胀螺栓固定型钢支(托)架的敷设方式 　在支架安装损坏结构及防水层处,必须做好防水处理 2. 管道经过建筑物的伸缩缝或沉降缝处,应装设合适的补偿装置(如伸缩节、伸缩弯管等)

项次	部位或项目	主要存在的问题	要求与措施
十七	屋面架空隔热层工程	隔热层架空高度不够	1. 建议天面隔热采用架空方式：隔热层架空净高度 h 应为：$100mm \leq h \leq 300mm$ 2. 设计时应充分考虑建筑物隔热功能
十八	女儿墙、阳台及外廊式楼梯	内墙污染严重	1. 女儿墙、阳台压顶内侧做成鹰嘴或滴水线(槽) 2. 外廊式楼梯应考虑这方面功能
十九	上人屋面女儿墙、顶层梯间栏杆	高度不够，造成安全隐患	上人屋面女儿墙、顶层梯间栏杆压顶高度应比楼地面(屋面)完成面(包括架空层)：低层、多层不低于1.05m，高层不低于1.1m
二十	高层建筑铝合金推拉窗	限位装置做法不统一	1. 建议使用平开窗 2. 必须采用安全可靠的塑料防脱配件
二十一	踢脚线	凸出墙面厚薄不一	统一凸出墙面厚度：耐磨砖、条形砖类为≤10mm，花岗岩石类≤15mm
二十二	木门窗、铝合金窗安装	门窗安装及留缝不规范，框边油漆参差不齐，小五金受污染，防水胶不符要求	1. 门窗安装必须严格按照规范留缝(详见《广州市建设工程质量通病治理措施》第一册)，不能超标 2. 注意防止阴阳铰、开槽过深及螺丝突出等毛病，安装完毕后清洗受污染的小五金 3. 防水胶施工应干净整洁 4. 油漆、灌胶要求采取措施(贴纸或其他)保持平直
二十三	天面地漏及立管安装	天面地漏和立管安装外观较差	1. 天面地漏斜水坡度半径为25cm，落差要达到2.5cm；(详见《广州市建设工程质量通病治理措施》第一册) 2. 管背墙面保持平整干净，不得被油漆污染，立管要离墙2cm敷设
二十四	伸缩缝、沉降缝	抹灰收口不平整，缝内充塞杂物等	1. 施工中要保证抹灰收口平整，两侧宽度要对称 2. 缝内杂物等要彻底清理
二十五		混凝土结构出现抹灰层空鼓、开裂	地下室混凝土墙身、天花宜采用清水混凝土施工，取消抹灰层；(详见《广州市建设工程质量通病治理措施》第二册)
二十六	地下室底板	底板面抹灰层空鼓、开裂	1. 底板混凝土地面施工建议原浆压实抹光工艺 2. 垫层、面层抹灰时要严格按规范留置缩缝